城乡建设领域国际标准化工作指南

Urban and Rural Construction Guidelines for the Technical Work of International Standards

住房和城乡建设部标准定额研究所　编著

中国建筑工业出版社

图书在版编目（CIP）数据

城乡建设领域国际标准化工作指南 ＝ Urban and
Rural Construction Guidelines for the Technical
Work of International Standards / 住房和城乡建设部
标准定额研究所编著. —北京：中国建筑工业出版社，
2021. 10
　ISBN 978-7-112-26667-8

Ⅰ. ①城… Ⅱ. ①住… Ⅲ. ①城乡建设－国际标准—
标准化－工作—指南 Ⅳ. ①TU984-65

中国版本图书馆 CIP 数据核字（2021）第 198180 号

责任编辑：石枫华
文字编辑：郑　琳
责任校对：焦　乐

城乡建设领域国际标准化工作指南

Urban and Rural Construction Guidelines for the Technical Work of International Standards

住房和城乡建设部标准定额研究所　编著

*

中国建筑工业出版社出版、发行（北京海淀三里河路 9 号）

各地新华书店、建筑书店经销

北京科地亚盟排版公司制版

北京建筑工业印刷厂印刷

*

开本：787 毫米×1092 毫米　1/16　印张：10¼　字数：251 千字

2021 年 10 月第一版　　2021 年 10 月第一次印刷

定价：48.00 元

ISBN 978-7-112-26667-8

（37689）

《城乡建设领域国际标准化工作指南》
编委会

顾　　问：杨瑾峰　展　磊　徐全平　何　涛　刘春卉　邹　瑜
主　　编：张惠锋
副 主 编：宋　婕　高雅春　王　敏　刘会涛　王书晓　李玲玲
编写委员：张永刚　汤亚军　李文娟　赵　霞　程小珂　姜　波
　　　　　朱　霞

编 制 单 位

住房和城乡建设部标准定额研究所
中国建筑标准设计研究院有限公司
建科环能科技有限公司
中城智慧（北京）城市规划设计研究院有限公司
中外建设信息有限责任公司
中国工程建设标准化协会
中国建筑科学研究院有限公司

前　言

国际标准是全球治理体系和经贸合作发展的重要技术基础。在全球科技竞争日益加剧的今天，能否掌握国际标准化制高点成为衡量一国实力的重要指标。我国作为国际标准化组织（ISO）的六大常任理事国之一，拥有着位居世界第二的 GDP 总量，但主导制修订的国际标准数量仅占总数的 2% 左右，难以占据国际标准化过程中的主导地位。随着我国不断扩大对外开放，经济快速发展，科技水平持续进步，我国标准化体系逐步完善，标准化领域日渐丰富，标准化成就不断创新。标准化工作对经济发展发挥了重要作用。

随着我国国际标准化需求的日渐增加，城乡建设领域标准国际化的条件也日益成熟，对该领域标准化工作者参与国际标准化活动的能力提出了更高的要求，迫切需要该领域的专家和相关人员熟悉和掌握国际标准化工作的技术规则。为此住房和城乡建设部标准定额研究所作为住房和城乡建设领域标准技术管理机构，在编制《城乡建设领域国际标准申报指南》的基础上，组织专家制定了本指南。本书立足国际标准化相关工作，主要包括以下内容：

第 1 章　概述。主要介绍我国新时代下标准化工作的发展方向以及国际标准化工作的发展历程。

第 2 章　国际标准化工作机构。分别介绍国际和国内管理国际标准化工作的机构及其职责，以及机构间的联络。

第 3 章　国际标准化工作内容。介绍承担国际标准化工作的技术机构、工作职责、人员的工作要求等。

第 4 章　国际标准编制。介绍国际标准编制程序、编制内容、相关要求及注意事项。

第 5 章　ISO 网络平台的使用。介绍国际标准化组织网络工作平台的架构、内容、功能及使用方法。

本书编写工作得到了标准化领域专家的指导和帮助。

由于编著者水平有限，本书难免存在缺点和不妥之处，恳请读者批评指正。对本书的意见和建议，请反馈至住房和城乡建设部标准定额研究所（地址：北京市海淀区三里河路 9 号）。

目　　录

1 概述

1.1 新时代下标准化工作的发展方向

"十三五"时期是我国经济发展进入新常态下的首个五年，也是我国全面建成小康社会、实现第一个百年目标的重要五年。国际标准在促进全球贸易和推动经济可持续发展方面发挥着越来越重要的作用，标准化工作也受到了党和国家领导人和各级部门的广泛重视。

党的十九大报告明确提出贯彻新发展理念要"瞄准国际标准提高水平"。习近平总书记在写给第 39 届国际标准化组织（ISO）大会的贺信中提出"标准助推创新发展，标准引领时代进步。国际标准是全球治理体系和经贸合作发展的重要技术基础"，中国标准化的发展受益于国际标准化，中国标准化亦推动国际标准化。中国将积极实施标准化战略，以标准助力创新发展、协调发展、绿色发展、开放发展、共享发展。

2015 年 2 月，李克强总理主持召开国务院常务会议。会议指出，推动中国经济迈向中高端水平，提高产品和服务标准是关键。在标准化工作改革措施中，会议确定应提高标准国际化水平，进一步放宽外资企业参与中国标准制定工作，以有效的市场竞争促进标准水平，努力使我国标准在国际上立得住、有权威、有信誉，为中国制造走出去提供"通行证"。

2017 年 12 月，中央经济工作会议在北京召开。会议指出，中国特色社会主义进入了新时代，我国经济发展已由高速增长阶段转向高质量发展阶段。推动高质量发展，是保持经济持续健康发展的必然要求，是适应我国社会主要矛盾变化和全面建成小康社会、全面建设社会主义现代化国家的必然要求，是遵循经济规律发展的必然要求。推动高质量发展是当前和今后一个时期确定发展思路、制定经济政策、实施宏观调控的根本要求。因此，必须加快形成推动高质量发展的标准体系，创建和完善制度环境，推动我国经济在实现高质量发展上不断取得新进展。

住房和城乡建设部一贯重视工程建设标准化工作。2016 年 8 月，住房和城乡建设部印发《深化工程建设标准化工作改革意见》（建标〔2016〕166 号），明确要求推进标准国际化。要推动中国标准"走出去"，完善标准翻译、审核、发布和宣传推广工作机制，鼓励重要标准与制修订同步翻译。加强沟通协调，积极推动与主要贸易国和"一带一路"沿线国家之间的标准互认、版权互换。鼓励有关单位积极参加国际标准化活动，加强与国际有关标准化组织交流合作，参与国际标准化战略、政策和规则制定，承担国际标准和区域标准制定，推动我国优势、特色技术标准成为国际标准。

2017 年 8 月，住房和城乡建设部发布了《工程建设标准体制改革方案（征求意见稿）》，明确要求实施标准国际化战略，促进中国建造走出去，并提出要加强与国际标准对接。对发达国家、"一带一路"沿线重点国家、国际标准化组织的技术法规和标准，要加强翻译、跟踪、比对、评估。创建中国工程规范和标准国际品牌。完善中国工程规范和标准外文版的同步翻译、发布、宣传推广工作机制。深入参与国际标准化活动。支持团体、企业积极主导和参与制定国际标准，将我国优势、特色技术纳入国际标准。推动与主要贸易国之间的标准互认，减少和消除技术壁垒，鼓励团体、企业承担国际标准组织技术机构秘书处工作，开展长效合作，推广中国技术。

2017 年 12 月，全国建设工作会议上首次提出了加快建设国际化的中国工程建设标准体系。要加快推进工程标准体制改革，建设适应国际通行规则的新型工程标准体系。加快中外工程标准对比研究，积极参与国际标准化活动，加强与"一带一路"沿线国家的多边与双边工程标准交流与合作，推动中国工程标准转化为国际或区域标准，促进建筑业"走出去"，带动我国建筑业占领国际工程承包高端市场。

2018 年 12 月，全国建设工作会议上指出"完善工程建设标准体系。加快建设国际化的中国工程建设标准体系，推动一批中国标准向国际标准转化和推广应用，加快建筑业'走出去'步伐。"

2019 年 12 月，全国建设工作会议上指出"改革完善工程建设标准体系。加快构建以强制性标准规范为核心、推荐性标准和团体标准为补充的新型标准体系，推动中国标准国际化，打造中国建造品牌，提升建造品质。"

1.2 我国国际标准化工作历程

回顾我国国际标准化工作的历程，丰富而进取：

1947 年，中国作为 25 个创始国之一加入国际标准化组织（ISO），1957 年作为全权成员加入国际电工委员会（IEC）。

1978 年 8 月，中华人民共和国重新加入国际标准化组织（ISO），再次进入国际标准化大家庭。

1982 年 5 月，在 ISO 第 12 届全体会议上，中国被选为 ISO 理事会成员国。

1984 年，国家标准局发布了我国第一个《采用国际标准管理办法》。

1988 年 12 月 29 日，第七届全国人民代表大会常务委员会第五次会议通过《中华人民共和国标准化法》，标准化工作迈入了法制化轨道。2018 年 1 月 1 日，《中华人民共和国标准化法》修订版正式实施，国家以法律形式积极推动参与国际标准化活动，鼓励企业、社会团体和教育、科研机构开展标准化对外合作与交流，参与制定国际标准，推进中国标准与国外标准之间的转化运用。

2008 年 10 月，我国成功当选 ISO 常任理事国。2011 年 10 月，我国成功当选 IEC 常任理事国。2015 年 1 月，我国专家正式就任国际标准化组织（ISO）主席，加上国际电工委员会（IEC）主席、国际电信联盟（ITU）秘书长，我国专家在三大国际组织均担任重要职务。

2013 年 3 月，我国成为 ISO 技术管理局（ISO/TMB）的常任成员。

截至 2020 年 10 月，我国专家担任 ISO/IEC 技术机构主席/副主席 75 个，承担 ISO/IEC 技术机构秘书处 74 个。我国主导制定的 ISO/IEC 国际标准已达 788 项，近两年我国在 ISO 提交和立项的国际标准逾 200 项。

"十三五"时期,我国大力实施标准化战略、稳步推行标准化改革,在提高标准国际化水平方面取得了一定的成绩。仅 2016 年,我国在 ISO 等国际标准组织提交的国际标准提案就比前一年度翻了一番,我国参与制定的国际标准数量也首次突破国际标准新增数量的半数。在住房和城乡建设领域,我国专家担任了国际标准化组织的建筑施工机械与设备技术委员会(ISO/TC 195)、起重机技术委员会(ISO/TC 96)主席,并承担秘书处工作,打破了领域内技术机构秘书处设置在美国、德国等主流发达国家的现状,实现了本领域"零"的突破,为培育国际竞争新优势奠定了基础。

在国内外经济社会的新形势下,我国的国际标准化工作将承担起为推动"一带一路"建设,推动产业、产品、技术、工程等走出国门提供服务与支撑的任务。

1.3 国际标准化

在标准"走出去"工作中,国际标准化是重要的途径之一。国际标准化,是指在国际范围内由众多国家或组织共同参与开展的标准化活动。活动旨在研究、制定并推广采用国际统一的标准,协调各国、各地区的标准化活动,研讨和交流有关标准化事宜。国际标准化是标准国际化的重要策略之一,其主要任务和目标是将我国标准或标准主要技术内容上升为国际标准。

本指南适用于城乡建设领域开展国际标准化组织(ISO)的国际标准化相关工作。

2 国际标准化工作机构

国际标准化组织（International Organization for Standardization，缩写 ISO）是世界上最大的国际标准化机构，是一个独立的非政府组织，成立于 1947 年 2 月 23 日，总部设在瑞士日内瓦。目前由来自 164 个国家的国家标准机构的成员组成。在国际标准化组织（ISO）中，中国国家标准化管理委员会（Standardization Administration of the People's Republic of China，缩写为 SAC）代表中国参加 ISO 的活动。受国家标准化管理委员会委托，住房和城乡建设部分管我国住房和城乡建设领域 ISO/IEC 国际标准化工作。住房和城乡建设部标准定额研究所作为住房和城乡建设领域标准技术管理单位负责组织、指导该领域国内技术对口单位，开展国际标准化相关工作。本章将对国际、国内标准化机构以及机构间的联络进行介绍。

2.1 国际机构

ISO 由中央秘书处负责协调，并在委员会经理的监督下开展日常业务。其前身是国家标准化协会国际联合会（ISA）和联合国标准协调委员会（UNSCC）。ISO 是非政府性国际组织，不属于联合国，但它是联合国经济和社会理事会的综合性咨询机构，是 WTO 技术贸易壁垒委员会（WTO/TBT 委员会）的观察员，并与联合国许多组织和专业机构保持密切联系，如：欧洲经济委员会、粮食及农业组织、国际劳工组织、教科文组织、国际民航组织等。它还与很多国际组织就标准化问题进行合作，其中，同国际电工委员会（IEC）的关系最为密切。1947 年 ISO 成立时，IEC 即与 ISO 签订协议：作为电工部门并入 ISO，但在技术和财政上仍保持其独立性。1976 年 ISO 与 IEC 达成新的协议：两组织都是法律上独立的团体并自愿合作。协议分工，IEC 负责电工电子领域的国际标准化工作，其他领域则由 ISO 负责。缩写"ISO"与机构英文全称首字母无关，而源于希腊语，表示"平等""均等"之意，同时易使人联想到其前身 ISA。

ISO 的主要机构包括全体大会（General Assembly），理事会（Council），中央秘书处（Central Secretariat），技术管理局（Technical Management Board），技术委员会（Technical Committee）（图 2-1）。

2.1.1 全体大会（General Assembly）

全体大会是 ISO 最高议事和权力机构，为非常设机构，会议由 ISO 成员及 ISO 官员参加，每年召开一次。ISO 所有积极成员（P 成员）、观察员（O 成员）、注册成员以及与 ISO 有联络关系的国际组织均可派代表参会，各成员可委派不超过三名正式代表，但只有 P 成员有表决权。

全体大会的主要议程包括：年度报告中有关项目的行动情况、ISO 的战略计划以及财政情况等。全体大会的工作会议只限于 ISO 成员团体参加，专题公共研讨会任何与会人员均可参加。

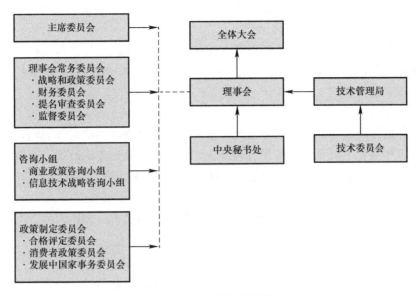

图 2-1 ISO 组织机构图

2.1.2 理事会（Council）

ISO 理事会是 ISO 的核心管理机构，向大会报告。由 20 个成员体及政策制定委员会（合格评定委员会、消费者政策委员会和发展中国家事务委员会）的主席组成。理事会对向理事会报告的相关机构负有直接责任。理事会相关机构主要职责为：

（1）主席委员会对理事会所要求的事项向理事会提出建议，并承担理事会委派的任务；

（2）理事会常务委员会处理财务（财务委员会 CSC/FIN）、战略和政策相关事宜（战略和政策委员会 CSC/SP）、任命管理职位（提名审查委员会 CSC/NOM）并监督国际标准化组织的管理业务的有关事项（监督委员会 CSC/OVE）；

（3）咨询组提供有关 ISO 的商业政策（商业政策咨询小组 CPAG）和信息技术（信息技术战略咨询组 ITSAG）相关事项的建议；

（4）政策制定委员会提供合格评定指南（合格评定委员会 CASCO）、消费者问题指南（消费者政策委员会 COPOLCO）和与发展中国家相关事项的指导（发展中国家事务委员会 DEVCO）；

（5）理事会的成员资格向所有成员机构开放并进行轮换，以确保它是成员共同体的代表。

理事会各相关机构的具体职责如下。

2.1.2.1 主席委员会

主席委员会（President's committee）是由 ISO 大会于 2012 年成立的。成员是 ISO 官员（包括主席当选人）。

主席委员会的职权范围有向理事会报告，就理事会决定的事项向理事会提出建议；确保各机构之间的沟通与协调；管理委员会经理的业绩目标；向委员会经理提供行政指导。

2.1.2.2 理事会常务委员会

理事会常务委员会（Council Standing Committees）包括战略和政策委员会（CSC/SP）、财务委员会（CSC/FIN）、提名审查委员会（CSC/NOM）和监督委员会（CSC/OVE）。

1. 战略和政策委员会

向理事会报告，协调 ISO 战略的发展与实施，监测影响国际标准制定和实施的当前趋势和新出现的问题，建议理事会就标准化的新领域采取行动，协调 ISO 政策的制定、维护和监督。

2. 财务委员会

向理事会报告，监督 ISO 的财务情况，审查 ISO 方案和项目的财务影响，审查年度财务报表和 ISO 中央秘书处预算，提供管理商业、法律和其他风险的政策，就商业模式和商业政策向理事会提出建议，就审计问题（包括内部审计）向理事会提出建议。

3. 提名审查委员会

向理事会报告。审查任命主要对象为 ISO 官员、理事会和 TMB 成员、政策发展委员会主席、理事会常务委员会委员、咨询组成员及其主席。

4. 监督委员会

向理事会报告。审查 ISO 的管理结构、政策和程序；审查 ISO 政策和程序执行的充分性；评估理事会（机构和成员）的表现；制定和维护 ISO 治理和管理的行为准则；审查监督委员会经理和 ISO 中央秘书处人员的行为；审查监督 ISO 中央秘书处工作人员对其所报告的有关问题。

2.1.2.3 咨询组

咨询组就有关 ISO 商业政策（CPAG）和信息技术（ITSAG）的事项提供咨询意见。可由其中一个技术管理局（TMB）或两个技术管理局（TMB）联合建立，并对其权限、组成或工作方法（适当时）提出的变更进行审批。

咨询组对出版物（特别是国际标准、技术规范、可公开获取的规范及技术报告）的起草或协调提出建议，但不起草制定这些文件，除非由技术管理局（TMB）给予特别授权。

所规定任务一旦完成，或如果随后决定其工作可由正常的联络机构完成，咨询组则解散。

2.1.2.4 政策制定委员会

政策制定委员会主席由理事会任命，任期 3 年，主席可以连续担任 2 届。政策制定委员会由 3 个委员会组成，分别为：

合格评定委员会（CASCO）、消费者政策委员会（COPOLCO）、发展中国家事务委员会（DEVCO）。

1. 合格评定委员会

合格评定委员会（CASCO）成立于 1970 年，前身是认证委员会（CERTICO）。截至 2020 年 12 月，有 142 个成员，其中 P 成员 105 个，O 成员 37 个。此外，一些国际组织，例如：世界贸易组织（WTO）、联合国欧洲经济委员会（UN/ECE）、国际实验室认可合作组织（ILAC）和国际认可论坛（IAF）；地区性组织，例如：欧洲电工标准化委员会（CEN-ELEC）、欧洲测试和认证组织（KUTC）、北美自由贸易协会（（NAFTA）、东南亚联盟质量体系认可委员会（ASEAN/ACCSQ）等也参加合格评定委员会（CASCO）的工作。

合格评定委员会（CASCO）的工作计划由 17 个任务组和工作组执行。经 ISO 全体大会批准的国际标准化组织质量体系评定承认计划（ISO/IEC QSAR），宗旨是通过签订国际承认协议，使各国认可的认证机构颁发的认证证书得到全世界用户的承认，以减轻企业的负担。

合格评定委员会（CASCO）主要任务为：

（1）研究制定合格评定方法；

（2）制定产品和服务的测试、检验、认证指南和国际标准，以及机构认可指南和国际标准；

（3）促进合格评定体系的相互承认和认可；

（4）促进国际标准的应用。

2. 消费者政策委员会

消费者政策委员会（COPOLCO）成立于 1978 年。截至 2020 年 12 月，有成员 129 个，其中 P 成员 79 个，O 成员 50 个。

消费者政策委员会的主要任务是：

（1）研究消费者从标准化中受益的方法，帮助消费者积极参加国家和国际标准化活动；

（2）为消费者提供标准信息服务和人员培训；

（3）为消费者提供论坛；

（4）代表消费者利益与 ISO 其他有关机构保持联系；

（5）在本职范围内开展研究活动。

消费者政策委员会每年在不同的成员国召开 1 次年会。

3. 发展中国家事务委员会

发展中国家事务委员会（DEVCO）成立于 1961 年。截至 2020 年 12 月，有 153 个成员，其中 P 成员 101 个，O 成员 52 个。

发展中国家事务委员会（DEVCO）的主要任务是：

（1）了解发展中国家在标准化及有关领域（如：质量控制、计量和认证等）的需求，并提出满足这些要求的办法；

（2）为发展中国家提供论坛；

（3）与联合国、IEC 和 ISO 及其他机构密切合作；

（4）就上述事务向全体大会提供咨询。

发展中国家事务委员会每 3 年制定一个发展计划，同时确定发展中国家事务委员会的工作计划。执行计划的经费来源于联合国开发计划署、联合国工业发展组织、各国政府的援助以及发展中国家自己筹集的资金等。ISO 中央秘书处只管 DEVCO 发展计划工作人员的工资和差旅费。发展中国家事务委员会发展计划的主要内容包括：

（1）人员培训

人员培训的方式有：

1）地区研讨会，涉及内容有标准化、质量管理、实验室认可等；

2）奖学金培训，即资助人员到工业发达国家的标准化机构实习。

（2）交流标准化经验和信息

交流标准化经验和信息的方式有：

1）编写发展手册和书籍；

2）召开国际会议；

3）与 ISO 其他政策委员会共同召开研讨会。

（3）帮助发展中国家的人员参与国际标准化工作

帮助发展中国家人员参与国际标准化工作的方式有：

1）提供经费资助参加 ISO 技术委员会（TC）会议；

2）提供经费培训发展中国家承担的 ISO/TC 秘书处的工作人员；

3）制定指南性文件以促使国际标准化组织重视制定发展中国家需要的国际标准。

为了帮助发展中国家提高标准化工作水平，发展中国家事务委员会编写出版了一系列小册子，已经出版的有：《国家级标准化机构的建立和管理》《质量体系的运作》《技术人员的培训—国家级和公司级》《高等院校的标准化教学》《公司标准化部门的建立和组织》《标准的应用》《参加国际标准化活动》《标准信息中心的建立和组织》等。

2.1.3 中央秘书处（Central Secretariat）

ISO 中央秘书处（CS）负责 ISO 日常行政事务，编辑出版 ISO 标准及各种出版物，代表 ISO 与其他国际组织联系。ISO/CS 由委员会经理和所需成员组成，委员会经理的财务和聘用条件由 ISO 主席确定。ISO/CS 承担全体大会、理事会、3 个政策制定委员会、技术管理局的秘书处工作。

2.1.4 技术管理局（Technical Management Board）

技术管理局（TMB）是 ISO 技术工作的最高管理和协调机构。技术管理局（TMB）由 1 名主席和理事会任命或选举的 14 个成员团体组成。技术管理局（TMB）每年召开 3 次会议，一般安排在 2 月、6 月和 9 月。

技术管理局（TMB）的主要任务是：

（1）协调、运转和管理 ISO 全部技术工作、制定 ISO 战略计划、向理事会做工作报告，在需要时向理事会提供咨询；

（2）负责技术委员会机构的全面管理；

（3）审查 ISO 新工作领域的建议，批准成立或解散技术委员会，修改技术委员会工作导则；

（4）代表 ISO 复审 ISO/IEC 技术工作导则，检查和协调所有的修改意见并批准有关的修订文本。

技术管理局（TMB）的日常工作由 ISO 中央秘书处承担。TMB 认为必要时，可设立一些专门机构，专门机构就有关标准化原理问题、基础问题、行业问题及跨行业协调问题、必要的新工作及相关计划等方面向 TMB 提出建议。

2.1.4.1 技术委员会（Technical Committee）

技术委员会（TC），是承担 ISO 标准制修订工作的技术机构。技术委员会由技术管理局（TMB）设立、管理、监督和解散。（技术委员会相关内容详见第 3 章）

2.1.4.2 项目委员会（Project Committee）

当需要制定个别不属于现有技术委员会范围内的新工作项目提案时可成立项目委员会

（PC）。项目委员会与技术委员会（TC）的设置和构架相同，只针对某个领域特定项目而成立的临时性技术机构，相关标准一旦出版，项目委员会即应解散。项目委员会由技术管理局（TMB）批准成立。

2.1.4.3 编辑委员会（Editing committee）

编辑委员会对委员会草案、询问草案和最终国际标准草案进行更新和编辑，确保这些文件符合 ISO/IEC 导则第 2 部分的有关要求。一个技术委员会可建立一个或多个编辑委员会。

在 IEC 中，如有要求，首席执行官办公室的一名代表将参加编辑委员会会议。

编辑委员会根据更新和编辑需求可进行通信方式沟通，也可举行会议。

2.1.4.4 咨询组（Advisory Group）

技术委员会或分委员会可成立具有咨询职能的小组，帮助委员会主席和秘书完成与协调、策划及指导委员会工作或其他具有咨询特性的具体任务。

其成员应由国家成员体指派，由上级技术委员会最终批准咨询组的组成。

这类小组可对有关起草或协调出版物（特别是国际标准、技术规范、可公开获取的规范及技术报告）提出建议，一旦咨询任务完成，咨询组将解散。

2.2 国内机构

2.2.1 国家标准化管理委员会

国家标准化管理委员会于 2001 年成立，2018 年并入国家市场监督管理总局，对外仍以国家标准化管理委员会的名义代表国家参加国际标准化组织、国际电工委员会和其他国际或区域性标准化组织；承担有关国际合作协议签署工作。

国家标准化管理委员会作为国务院标准化主管部门，统一组织和管理我国参加国际标准化活动的各项工作，并代表中国参加 ISO 和 IEC 组织，主要履行下列职责：

（1）制定并组织落实我国参加国际标准化工作的政策、规划和计划；

（2）承担 ISO 中国国家成员体和 IEC 中国国家委员会秘书处，负责 ISO 中国国家成员体和 IEC 中国国家委员会日常工作，以及与 ISO 和 IEC 中央秘书处的联络；

（3）协调和指导国内各有关行业、地方参加国际标准化活动；

（4）指导和监督国内技术对口单位的工作，设立、调整和撤销国内技术对口单位，审核成立国内技术对口工作组，审核和注册我国专家参加国际标准制修订工作组；

（5）审查、提交国际标准新工作项目提案和新技术工作领域提案，确定和申报我国参加 ISO 和 IEC 技术机构的成员身份，指导和监督国际标准文件投票工作；

（6）审核、调整我国担任的 ISO 和 IEC 的管理和技术机构的委员、负责人和秘书处承担单位，并管理其日常工作；

（7）申请和组织我国承办 ISO 和 IEC 的技术会议，管理我国代表团参加 ISO 和 IEC 的技术会议；

（8）组织开展国际标准化培训和宣贯工作；

（9）其他与参加国际标准化活动管理有关的职责。

2.2.2 行业主管部门（住房和城乡建设部）

住房和城乡建设部作为行业主管部门受国家标准化管理委员会委托，分工管理住房和城乡建设领域参加 ISO 和 IEC 国际标准化活动，主要履行下列职责：

（1）指导、审查国际标准新工作项目提案；

（2）指导、审查新技术工作领域提案；

（3）提出国内技术对口单位承担机构建议，支持国内技术对口单位参加国际标准化活动；

（4）指导国内技术对口单位对国际标准化活动的跟踪研究，以及国际标准文件投票和评议工作；

（5）组织本部门、本行业开展国际标准化培训和宣贯工作；

（6）每年1月15日之前向国务院标准化主管部门报告上一年度本行业参加国际标准化活动工作情况；

（7）其他与本行业参加国际标准化活动管理有关的职责。

2.2.3 国内技术对口单位

国内技术对口单位具体承担 ISO 和 IEC 技术机构的国内技术对口工作，技术对口单位的工作内容和性质根据所参与委员会的身份而决定。参加 ISO 和 IEC 技术活动的身份有积极成员（P 成员）和观察员（O 成员）两种。在与国家经济和社会发展关系重大的领域，能够保证履行积极成员义务，按照 ISO 和 IEC 工作要求出席国际会议（包括以通信方式参加）及时处理国际标准草案投票等有关事宜的，应申请成为积极成员（P 成员）；不具备上述条件的，可申请为观察员（O 成员）。国家鼓励国内技术对口单位以积极成员身份参加国际标准化工作（国内技术对口单位相关内容详见第3章）。

2.3 技术机构间的联络

2.3.1 技术委员会之间的联络

每个组织应与相关领域的技术委员会、分技术委员会建立并保持联络关系。需要时，还要与负责标准化（如术语学和图形符号）基础工作的技术委员会建立联络关系，联络中还应包括基础文件（包括新工作项目提案和工作草案）的交换。

委员会可以通过一项决议以决定是否建立内部联络。委员会接到建立内部联络的请求时不能拒绝这样的请求，但没有必要通过一项决议，确认其接受。

保持上述这种联络关系是相关技术委员会秘书处的职责。技术委员会秘书处可将这项任务委托给分委员会秘书处。

技术委员会或分委员会可指派一名或若干名观察员跟踪另一个与其建立联络关系的技术委员会或其所属的一个或多个分委员会的工作，应将这些观察员的姓名和地址通知有关的委员会秘书处，该秘书处应将所有相关的文件传递给观察员及其所属的技术委员会或分委员会秘书处。被指派的观察员应向指派他/她为观察员的秘书处提交工作进展报告。

这些观察员应有权参加指派跟踪其工作的技术委员会或分委员会会议，但他们不应有表决权。他们可以参加会议讨论，包括根据从自身委员会收集到的反馈，就其自己技术委员会权限内的相关事宜提交书面意见。还可参加该技术委员会或分委员会的工作组会议，但只能就其自身技术委员会权限内的相关事宜提出观点，而不能参与工作组的活动。

2.3.2 ISO 与 IEC 之间的联络

ISO 和 IEC 技术委员会和分委员会之间适当联络的协议十分重要。ISO 和 IEC 技术委员会和分委员会之间建立联络关系的通信渠道是两组织的 CEO 办公室。就两组织所研究的新课题而言，每当某一组织考虑一个新的或修订的工作计划并且另一个组织可能对其感兴趣时，首席执行官将力求使两个组织间达成协议，从而使此项工作不出现重叠或重复等现象。

由 ISO 或 IEC 指派的观察员应有权参加其跟踪的另一个组织的技术委员会或分委员会的讨论，可以提交书面意见，但他们不应有表决权。

2.3.3 与其他组织的联络

2.3.3.1 概述

联络应该双向运行，并签订互惠协议。在技术机构某项工作的初期阶段就应充分考虑联络的需求。联络组织应在相关技术领域内具有足够的代表性。联络组织应同意 ISO/IEC 程序，包括知识产权（IPR），接受 ISO/IEC 导则有关专利权的要求。

技术委员会和分委员会应定期复审其所有的联络协议，至少每两年一次或在每次委员会会议时进行。

2.3.3.2 不同的联络类别

在技术委员会或分委员会层面的联络类别有：

A 类：在技术委员会或分委员会解决问题上，对技术委员会或分委员会工作做出有效贡献的组织，这类组织收到所有相关文件，并被邀请参加会议，它们可以指派专家参加 WG；

B 类：已表明希望了解技术委员会或分委员会工作的组织。这类组织可收到技术委员会或分委员会的工作报告。

注：B 类针对的是政府间国际组织。

在工作组层面的联络类别有：

C 类：为工作组做出技术贡献并积极参加工作的组织，包括制造商协会、商业协会、产业联盟、用户群及行业协会和科学学会。联络组织应是具有个人、公司或国家成员资格的多国组织（根据他们的目的和标准制定活动），可以是长期或暂时的。

2.3.3.3 资格

1. 技术委员会和分委员会层面的联络（A 类和 B 类联络）

当一个组织申请与技术委员会或分技术委员会建立联络时，首席执行官办公室将检查该组织所属的国家成员体。如果认为该成员体其不满足资格标准，此事将交由技术管理局（TMB）以确定其资格。

首席执行官办公室也将确保该组织符合下列资格标准：

（1）非营利性组织；

（2）有法人实体，首席执行官办公室将要求其提供章程复印件；

（3）会员制，并对全球或广泛区域的会员开放；

（4）通过其活动和成员证明它有能力和专业知识促进国际标准的制定，或有能力推动标准的实施；

（5）具有利益相关方参与和协商一致决策的程序，以确保制定其提供的输入。

2. 在工作组层面的联络（C类联络）

当一个组织申请与工作组建立联络时，首席执行官办公室将检查该组织所属的国家成员体，并确保该组织符合下列资格标准：

（1）是非营利性组织；

（2）通过其活动和成员证明它有能力和专业知识促进国际标准的制定，或有能力推动标准的实施；

（3）具有利益相关方参与和协商一致决策的程序，以确保制定其提供的输入。

2.3.3.4 接受条件（A类、B类和C类联络）

在P成员投票中2/3以上的赞成，才能通过建立A类、B类和C类联络的申请。

要求委员会在工作项目开展初期就邀请各方的参与。对于在特定工作项目的开展后期才提出建立C类联络的申请，P成员要考虑的是尽管该组织参与工作组较晚，但它能够给该项目带来的价值。

2.3.3.5 权利和义务

1. 技术委员会/分委员会层面的联络（A类和B类联络）

技术委员会和分委员会应寻求联络组织对于其感兴趣的每份文件给予全面的支持，如果可能，给予形式上（正规）的支持。

应同等对待任何来自联络组织的意见和来自成员体的意见，不应将联络组织拒绝提供全面的支持认定为一种持续的反对行为。如这类反对被认定为坚持反对，则委员会可按ISO/IEC导则做进一步的处理。

2. 在工作组层面的联络（C类联络）

C类联络组织有权作为全权成员参加工作组、维护组或项目组，但不能担任项目负责人或召集人。

C类联络的专家以委派他们的组织的官方代表身份活动。如果接到委员会的专门邀请，他们可参加委员会的年会，但只能以观察员的身份参加。

3. 项目委员会转化为技术委员会或分委员会时，新技术委员会或分委员会应通过一项决议，规定A类和B类联络继续有效。该决议的通过，需要大于2/3的P成员投票赞成。

3 国际标准化工作内容

根据原质检总局国家标准委发布的《参加国际标准化组织（ISO）和国际电工委员会（IEC）国际标准化活动管理办法》（2015年第36号）文件，我国参加国际标准化活动主要有八个方面的内容：（1）担任 ISO 和 IEC 中央管理机构的官员或委员；（2）担任 ISO 和 IEC 技术机构负责人；（3）承担 ISO 和 IEC 技术机构秘书处工作；（4）担任工作组召集人或注册专家；（5）承担技术机构的国内技术对口单位工作，以积极成员或观察员的身份参加技术机构的活动；（6）提出国际标准新工作项目和新技术工作领域提案，主持国际标准制修订工作；（7）参加国际标准制修订工作，跟踪研究国际标准文件，并进行投票和评议；（8）参加或承办国际会议。

根据以上工作内容，将国际标准化组织 ISO 的工作内容分为国际、国内两个方面。国际方面为技术委员会、分技术委员会、工作组等，进一步从机构设立、主席或委员会经理人工作等内容进行论述；国内方面主要是国内技术对口单位管理工作以及参加或承办会议等进行论述。具体工作内容及与章节对应关系见表3-1。其中国际标准编制工作较为重要，放在第4章进行介绍。

国际标准化工作内容及与章节对应   表3-1

工作内容	机构	人员	章节号
技术委员会	√	√	3.1
分技术委员会	√	√	3.2
工作组	√	√	3.3
联合技术工作	√	—	3.4
国内技术对口单位	√	—	3.5
参加或承办国际会议	√	—	3.6

3.1 技术委员会

3.1.1 技术委员会的设立

3.1.1.1 申请条件

技术委员会由技术管理局设立和解散。分委员会（SC）可以转换成新的技术委员会（TC），但一般而言，新的 TC 是由于一些提案或者活动不属于现有的任何一个 TC 而提出建立，这种情况下，针对新技术活动领域设立新技术委员会的提案可有下列组织提出：

（1）国家成员体；

（2）技术委员会或分委员会；

（3）项目委员会；

（4）政策委员会；

（5）技术管理局；

（6）首席执行官；

（7）有相关组织支持的负责负责管理认证体系的机构；

（8）具有国家成员体资格的其他国际组织。

3.1.1.2 申请材料

关于新技术活动领域设立新技术委员会的提案，需要联系国家市场监管总局标准创新管理司（简称"创新司"），按照创新司的要求提交相应的材料。通常需要准备的材料如下：

（1）提案单位公文；说明成立新技术领域 TC/SC/PC 的重要性和必要性，前期工作基础；

（2）国际标准化组织新技术工作领域申请表，提案单位、行业主管部门审核盖章；

（3）新 TC，ISO Form 1 新技术领域申请表中、英文各一份，中文表不翻译表格，直接填写中文。

其中，国际标准化组织新技术工作领域申请表可参见 ISO/IEC 导则，ISO 补充部分合订本附录 SJ。

填写的主要内容包括：提案方、提案的主题、提案的范围和初始工作计划、提案的论证、如果适用，在其他机构开展的类似工作的调查报告、认为有必要的与其他机构的联络等。

3.1.1.3 申请流程

该表格经过创新司审核合格后会提交到 ISO 的 CEO 办公室。CEO 办公室按照相关要求，评估提案与现行工作的关系，此过程会征询有关方面意见，包括技术管理局或主持现行有关工作的委员会。必要时，将设立一个临时工作组对该提案进行审查。

CEO 办公室审查后，可以决定将提案退给提案方，以便在分发投票前做进一步修改。在这种情况下，提案方应按建议进行修改或提供不做修改的理由。如提案方不进行修改并且要求对原提交的提案分发投票，技术管理局将决定采取适当措施，包括停止该提案直到对提案进行修改或对收到的建议进行投票。

在所有情况下，CEO 办公室都可以将评论意见和建议填入提案表格中。

3.1.1.4 申请获批条件

CEO 办公室将提案分发给各组织（ISO 或 IEC）的所有国家成员体，询问他们是否：

（1）支持设立新技术委员会，提供一份陈述理由的说明（理由陈述）；

（2）打算积极参与新技术委员会的工作。

若为 ISO 提案，还将征求 IEC 意见并达成协议。

技术管理局将根据投票和询问情况进行结果的答复，并且决定设立一个新技术委员会，申请获批条件为：

（1）参加投票表决的国家成员体中 2/3 多数赞成此项提案；

（2）至少有 5 个投赞成票的国家成员体表达其积极参加活动的意向，并指派秘书处；

新的技术委员会将按其成立的顺序对进行编号，如果某个技术委员会解散，其编号不会指派给另一个技术委员会。

3.1.2 技术委员会主席

3.1.2.1 基本要求

在 ISO 各级机构框架中，机构负责人主要包括技术委员会（TC）和分委员会（SC）的主席、副主席和委员会经理。本节内容中的机构负责人主要是指主席和副主席。

申请担任机构负责人应首先满足如下基本要求：

（1）保证履行 ISO 和 IEC 规定的工作职责；

（2）熟悉该机构所属技术领域的专业知识和 ISO、IEC 国际标准化工作程序，熟练使用 ISO 和 IEC 信息技术工具；

（3）担任主席、副主席职务应具备使用英语、法语或俄语主持召开国际会议、协调国际观点的能力；

（4）担任秘书职务应具备使用英语、法语或俄语记录国际会议召开情况、处理秘书处日常工作文件和国际交流沟通的能力；

（5）在候选人投票时，委员会成员还会从以下方面考量该候选人的一些能力或经历，包括但不限于：

1）在领域内以及所在机构内的现有角色，是否能领导并且与来自行业界的代表和专家们达成共识；

2）相关的职业经验及主席相关职位的经验；

3）教育程度；

4）领导力经验；

5）是否参与过相关的活动；

6）语言能力（ISO 官方语言为英语、法语，通常情况下使用英语）。

3.1.2.2 工作职责

1. 一般要求

技术委员会主席负责该技术委员会的全面管理，包括其所有分委员会和工作组的工作。

技术委员会或分委员会主席应遵循如下职责：

（1）仅以国际身份工作，放弃本国观点，不能在其委员会内同时作为国家成员体的代表；

（2）指导技术委员会或分委员会秘书履行其职责；

（3）召集会议，统一委员会草案的意见；

（4）保证在会议上充分归纳表达的各种观点，使所有与会者都能理解；

（5）保证在会议上明确阐述所有决定，并由秘书提供书面文件，以便在会议期间进行确认；

（6）在征询意见阶段做出适当的决定；

（7）通过技术委员会秘书处就与技术委员会有关的重要事务向技术管理局（TMB）提出意见，通过分技术委员会秘书处，听取分技术委员会主席的汇报；

（8）确保技术管理局（TMB）的战略决定和政策在其技术委员会内得到贯彻执行；

（9）确保战略业务计划的制定和维护，战略业务计划包括技术委员会及其所有向技术委员会报告的工作组和所有分委员会；

（10）确保战略业务计划的实施和应用与技术委员会或分委员会的工作计划活动协调一致；

（11）帮助处理对委员会决议提出的申诉。

如果主席出现不可预知情况缺席会议，可由参会者选出一名会议主席。

分委员会主席应按要求出席上级委员会的会议，可以参加会议讨论，但无投票权。在特殊情况下，如主席不能出席会议，应委派秘书（或在 ISO 和 IEC 中的其他代表）代表分委员会参会。如果分委员会无法派出代表参会，则应提交书面报告。

2. 优秀主席的能力

一个合格并且优秀的机构主席，除了上述职责，还应具备以下能力：

（1）保证投入的时间和资源；

（2）孵育并珍视与其他 ISO 和 IEC 委员会的合作；

（3）在国际视野下采取行动；

（4）具有全局眼光，对委员会整体管理，包括所有分委员会和工作组；

（5）为 ISO 技术管理局（TMB）在委员会相关的重要事情给予建议；

（6）确保 ISO 技术管理局（TMB）的政策和战略决策由委员会实施；

（7）用战略眼光思考如何提升 ISO 的工作质量；

（8）充分掌握市场需求。

3.1.2.3 申请流程

1. 从国内提交申请

行业主管部门，各省、自治区、直辖市标准化行政主管部门，以及全国专业标准化技术委员会秘书处承担单位、企业、科研院所、检验检测认证机构、行业协会及高等院校等，均可向国务院标准化主管部门提出承担 ISO 和 IEC 技术机构负责人和秘书处的申请（图 3-1），申请人填写《ISO/IEC 技术机构主席申请表》（参见附录 A.1）。

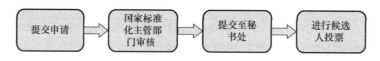

图 3-1　机构负责人申请申请流程

2. 条件审查

国务院标准化主管部门对提出申请的人员和单位进行资质审查，审核通过后统一向 ISO 和 IEC 对应技术委员会秘书处提出申请。其中，审查的主要内容包括：

（1）是否能保证履行 ISO 和 IEC 规定的工作职责；

（2）是否熟悉相对应的 ISO 技术领域的专业知识和国际标准化工作程序，熟练使用 ISO 和 IEC 信息技术工具；

（3）是否具有使用英语、法语或俄语主持召开国际会议、协调国际观点的能力；

（4）负责人所在单位对本单位人员承担技术机构负责人工作，能否提供必要的经费支持和必要的办公设备。

3. ISO 和 IEC 提名候选人并投票

ISO 和 IEC 的技术委员会主席应由技术委员会秘书处提名，并经技术管理局（TMB）

批准。分委员会主席应由分委员会秘书处提名，由技术委员会批准。主席任期最长为 6 年。任职允许延长，但累计最长不能超过 9 年。

主席的任命和延期须经过投票，且票数达标方可获得批准，即投票结果应满足技术委员会 P 成员大于 2/3 通过。

技术委员会或分委员会秘书处应在现任主席任期结束前一年，提交新主席的提名。为了给候选主席在上任前提供一个学习机会，应考虑任命新主席在上任前一年担任委员会的"主席当选人"。

鼓励发达国家的秘书处考虑与发展中国家共同承担秘书处和主席职位。积极鼓励提名发展中国家的主席和秘书处的可能性。

3.1.3　秘书处

3.1.3.1　基本要求

ISO 在其导则中对于秘书处的定义是：

秘书处——根据共用协议指定，负责向某个技术委员会和分委员会提供技术和管理性服务的国家成员体。技术委员会秘书处工作应由技术管理局指派给国家成员体承担。

委员会经理（秘书）——由秘书处指定，负责管理秘书处提供的技术和管理性服务的人员。

因此，ISO 各技术委员会和分委员会都会通过秘书处来完成日常工作，有些情况下，工作组也会设立秘书处来帮助召集人更好地完成项目任务。只有当某一国家成员体表示愿意承担秘书处工作的条件下方可建立技术委员会或分委员会。

我国标准化主管部门对承担 ISO 和 IEC 技术机构负责人和秘书处的单位有如下要求：

（1）有固定的办公地点和必要的办公设备，能按照 ISO 和 IEC 的要求，开展秘书处的日常工作；

（2）对本单位承担 ISO 和 IEC 技术机构负责人工作提供必要的经费支持；

（3）每年 1 月 15 日前向国务院标准化主管部门报送工作报告，填写《我国承担 ISO 和 IEC 技术机构国际标准化工作情况报告表》，抄送行业或地方标准化主管部门。

ISO 对于委员会经理的要求主要有：

（1）通晓英语或法语；

（2）熟悉章程和程序规则中的有关规定，并熟悉 ISO/IEC 导则；

（3）能够就程序或起草文件向委员会和附属机构提出建议，特别是了解关于其所负责的委员会的活动决定；

（4）了解理事会或技术管理局（TMB）对于技术委员会总体活动的决定，特别是了解关于其所负责的委员会的活动决定；

（5）是良好的组织者，在技术管理方面训练有素，以便组织和开展技术委员会工作并促进委员会成员和附属机构积极参与活动；

（6）熟悉 CEO 办公室提供的文件，特别要熟悉在标准制定和传递中使用《ISO 电子服务指南》和《在 IEC 中使用信息技术的指南》；

（7）当任命委员会经理时，委员会对委员会经理的以下信息进行考虑：

1）教育程度；

2）职业经历；

3）在标准化工作经验；

4）参与过标准化培训项目；

5）具有使用 ISO 信息工具和技术设备的经验；

6）语言技能。

技术委员会的工作成绩很大程度上依赖于委员会经理处的工作能力，因此对于承担委员会经理处工作的单位和个人，ISO 委员会还会进行如下考量：

（1）卓越的文档能力。准备委员会所需的标准草案，安排草案的分发及对所收到意见的处理。为 ISO 中央秘书处查询准备草案、最终国际标准草案或出版物，包括文本和图片。满足 ISO 中央秘书处对各阶段草案的提交要求。

（2）优秀的项目管理能力。协助安排每个项目的优先级和截止日期；对 ISO 中央秘书处告知所有工作组召集人和项目负责人的名字；发起投票；对已延期的项目和/或表现出缺少支持的项目提供积极的解决方案。

（3）会议准备经验。制定议程，并安排分发议程上包括工作组报告在内的所有文件，指明哪些文件在会议期间是需要讨论的。记录会议的决议，并以书面形式在会议上确认。准备好会议记录，并在会议结束后及时分发。

（4）流程安排能力。为本技术委员会内的各机构主席、项目负责人和召集人，在 ISO/IEC 方针以及项目进程中的步骤提出建议。针对技术机构的活动，与所有分委员会和工作组取得联系。

（5）联络和社交能力。与委员会的主席进行密切联络。针对技术机构的互动，与 ISO 中央秘书处和委员会的成员保持紧密联络。与所有上级技术委员会的委员会经理也保持紧密联络。

（6）擅长信息技术。在使用基于 MS-Word 的起草工具和基于网络的 ISO 应用时有足够的知识和能力，应用程序包括 Livelink 电子委员会、委员会投票应用和提议界面。

3.1.3.2 工作职责

承担秘书处工作的国家成员体应确保向相应的技术委员会或分委员会提供技术或行政服务。秘书处负责监督、报告并确保工作有效发展，并竭尽全力使工作早日圆满完成。同时，这些工作应尽可能以通信方式进行。

秘书处有责任确保 ISO/IEC 导则、理事会和技术管理局（TMB）决定得到执行。

秘书处应以纯粹的国际身份工作，放弃其本国观点。

秘书处应确保按时完成下列各项工作：

（1）工作文件

1）准备委员会草案，安排草案的分发，并负责处理收到的评论意见；

2）准备询问草案和最终国际标准草案或国际标准出版物的分发文本；

3）确保英文和法文文本的等效性，必要时可以寻求有能力并愿意承担相关语言版本工作的其他国家成员体的协助。

（2）项目管理

1）协助设立每个项目的优先事项和完成日期；

2）向首席执行官办公室提供所有工作组、维护团队召集人和项目领导人的名字等信息；

　　3）主动指出哪些提案可以出版，哪些项目由于严重超期或缺乏足够支持需要取消。

　　（3）会议

　　1）准备会议议程，并安排分发；

　　2）安排分发会议议程中列出的所有文件，包括工作组报告，并指明会议期间需要讨论的文件；

　　3）涉及会议上做出的决定（也称为决议）：

　　① 确保支持工作组建议的决议包含具体的支持措施；

　　② 在会议期间提供书面形式的决议以供确认；

　　③ 并在会议后48小时内向委员会电子文件夹提交该决议。

　　4）会后4周内准备好会议纪要并完成分发；

　　5）在IEC，会后4周内，准备向技术管理局（TMB）（TC秘书处）或上级技术委员会（SC秘书处）提交报告。

　　（4）通知

　　向主席、项目负责人和召集人提供相关项目进展程序的咨询。

　　在任何情况下，每个秘书处在工作上都应与其技术委员会或分委员会的主席保持紧密联系。

　　技术委员会秘书处应与CEO办公室保持密切联系，并在其活动中保持与技术委员会成员的密切联系，包括与分委员会及工作组成员的密切联系。

　　分委员会秘书处应与上级技术委员会秘书处保持密切联系，必要时还应与CEO办公室保持密切联系，在其活动中还应与分委员会成员（包括工作组成员）保持密切联系。

　　技术委员会或分委员会秘书处应随时同首席执行官办公室沟通，及时更新委员会成员的状况。

　　首席执行官办公室也应保留其工作组的成员登记册。

　　鼓励发达国家成员体和发展中国家成员体之间建立"秘书处/联合秘书处"的结对协议（每个委员会只允许设置一个联合秘书处）。主导方（秘书处）和结对方（联合秘书处）经双方协商决定。联合秘书处必须是该委员会的P成员（无论是直接承担秘书处工作或是通过结对协议，均须是P成员）。同样的规则适用于分配秘书处和联合秘书处，以及秘书和联合秘书。职责的划分应经双方同意确定，并通知委员会成员和首席执行官办公室。

3.1.3.3　秘书处指派

　　技术委员会秘书处工作应由技术管理局（TMB）交由国家成员体承担。

　　分委员会秘书处应由上级技术委员会指派给国家成员体承担。但是，如果有两个或多个国家成员体提出承担同一份委员会秘书处工作的申请，应由技术管理局（TMB）对分委员会秘书处的分派做出决定。

　　不论是技术委员会还是分委员会，其秘书处应分派给符合下列条件的国家成员体，即该国家成员体应：

　　（1）表明其积极参与技术委员会和分委员会工作的愿望；

　　（2）同意履行秘书处的职责，保证有足够的资源用于支持秘书处工作。

　　一旦将技术委员会或分委员会秘书处分派给某一国家成员体，该国家成员体则应任命一位合格人员承担秘书工作。

通常情况下，技术委员会或分委员会新成立时一般由发起国承担秘书处工作。每隔 5 年，技术委员会或分委员会的秘书处应经 ISO 技术管理局（TMB）重新确认。

如果某 TC 或 SC 秘书处到了被重新确认且该 TC 或 SC 制定标准的数据显示该委员会正面临种种困难，这种现象应引起技术管理局的注意，并就是否进行重新确认做出决定，没有收到详细审查通知的秘书处将被自动再确认。

应委员会经理或 P 成员的要求（这类要求应附有书面理由），可以在任何时间提出重新确认秘书处的要求。该要求的书面材料应交由技术管理局（TMB）考虑，并由技术管理局（TMB）做出决定是否执行重新确认的要求。

重新确认的要求应在该委员会的 P 成员中征求意见，确定 P 成员们是否满意该秘书处可获得充足的资源并确认该秘书处的表现是否令人满意。对于任何一个提出反对意见的 P 成员，应请他们表示是否愿意承担该委员会秘书处的工作。

如果是 TC 秘书处被要求重新确认，应由技术管理局（TMB）负责处理，如果是 SC 秘书处被要求重新确认，应由 TC 秘书处负责处理。但是，如果同一个成员体同时承担 TC 和 SC 秘书处，则应由技术管理局（TMB）负责处理。

如果没有反对意见，则应对秘书处的分派进行再确认。涉及 TC 和 SC 秘书处的所有反对意见都应提交给技术管理局（TMB）作为决议的参考。

ISO 对单位或个人申请秘书处和委员会经理工作申请流程的说明，更多的是针对已成立的技术机构的秘书处发生变更的情况，主要包含技术委员会和分委员会的秘书处的变更。

3.1.3.4　秘书处变更

如果某一国家成员体希望放弃技术委员会秘书处工作，该国家成员体应立即通知首席执行官办公室，并至少提前 12 个月发出通知。由技术管理局（TMB）做出将该秘书处移交另一国家成员体的决定。

如果某一技术委员会秘书处始终不能履行本程序规定的职责，首席执行官或国家成员体可将此事报告技术管理局（TMB），技术管理局（TMB）可对秘书处的分派情况进行评价，以便将秘书处工作移交给另一个国家成员体。

当某一成员体打算退出已与发展中国家成员体建立结对协议的秘书处时，ISO/TMB 应决定是否直接由发展中国家成员体承担秘书处，还是按正常程序重新指定秘书处。

3.1.4　参加技术委员会工作

技术委员会的工作通常由国家成员体参加。各个国家针对每个技术委员会都会向 CEO 办公室明确表示以 P 成员或 O 成员身份参加其工作。

P 成员国家会被要求履行对技术委员会或分委员会内正式投票的所有问题、新工作项目提案、征询意见草案和最终国际标准案进行投票，以及对会议做贡献，例如参加或承办会议。

对于 O 成员国家，以观察员身份跟进工作，因此可以接收委员会文件并有权提出评论意见和参加会议。

如果在一个技术委员会既不是 P 成员也不作为 O 成员，该国家成员体对该技术委员会工作既无上述规定的权利也不承担上述义务，但所有国家成员体不论其在技术委员会或分委员会中的身份如何，都有权对国际标准的征询意见草案和最终草案进行投票。

国家成员体可在任何时间开始或结束或改变其在技术委员会或分委员会中的成员身份，但必须通知 CEO 办公室或相关技术委员会秘书处。

如果某技术委员会或分委员会的 P 成员出现以下情况，该技术委员会或分委员会秘书处会通知 CEO 办公室：

（1）P 成员长期不积极，并且连续两次既未直接参加会议，也未以通信方式为会议做出贡献，未任命专家参加技术工作；

（2）P 成员在一个日历年内对技术委员会或分委员会内正式提交委员会内部投票（CIB）中有 20％以上（并至少 2 个）的问题没有投票。

如果 CEO 办公室收到此类通知，首席执行官会提醒国家成员体有义务积极参加技术委员会和分委员会活动。如果该成员体对此提醒没有做出令人满意的回复，而且连续出现不符合 P 成员要求的行为，那么该国家成员体的身份应自动降为 O 成员。这样改变身份的国家成员体在 12 个月之后可以向首席执行官表明其希望重新成为该技术委员会 P 成员的愿望，由此可以重新批准其为 P 成员。

3.2　分技术委员会

3.2.1　分技术委员会的设立

3.2.1.1　申请条件

分委员会设立时，应该包括至少 5 个表示愿意积极参加分委员会工作的上级技术委员会成员，分委员会的名称及范围由上级技术委员会决定，并应包括在已确定的上级技术委员会范围内。

上级技术委员会秘书处将其设立分委员会的决定通知 CEO 办公室，CEO 办公室再提请技术管理局批准。

3.2.1.2　申请材料

关于分委员会的设立首先应积极保持与其上级技术委员会的沟通；其次，需要联系国家市场监管总局标准创新管理司，按照创新司的要求提交相应的材料。通常需要准备的材料如下：

（1）提案单位公文；说明成立新技术领域 SC 的重要性和必要性，前期工作基础。

（2）国际标准化组织新技术工作领域申请表，提案单位、行业主管部门审核盖章。

（3）新 SC，ISO Form 3 新技术领域申请表中、英文各一份，中文表不翻译表格，直接填写中文。

3.2.1.3　申请流程

申请递交到 ISO 后，上级技术委员会投票决定，并需获得技术管理局批准。名称及范围应由上级技术委员会决定，并应包括在已确定的上级技术委员会范围内。上级技术委员会秘书处将其设立分委员会的决定通知 CEO 办公室，CEO 办公室再提请技术管理局批准。

3.2.1.4　申请获批条件

分委员会申请获得通过需同时满足以下条件：

（1）上级技术委员会参加投票的 P 成员的 2/3 决定；

（2）技术管理局批准；

（3）某一国家成员体表示愿意承担秘书处工作。

3.2.2　分技术委员会主席

分委员会主席的各项要求参见技术委员会主席的相关章节，需要特别指出的是分委员会主席由该委员会秘书处提名，并由相关技术委员会批准，任期最长为 6 年，或酌情缩短。允许延长任期，累计最长为 9 年，批准任命和延期的条件均为技术委员会 P 成员大于 2/3 多数通过赞成。

此外，分技术委员会主席应按要求出席上级委员会的会议，并参加讨论，但无投票权。如果主席不能出席，应委派代表人出席会议，或提供书面报告。

3.2.3　秘书处

3.2.3.1　分委员会秘书处指派

分委员会秘书处的各项要求参见技术委员会秘书处第 3.1.3.3 款。

需要特别指出的是分委员会秘书处由上级委员会指派给国家成员体承担，但如有两个或多个国家成员体提出申请，技术管理局应对分委员会秘书处的指派做出决定。

3.2.3.2　分委员会秘书处的变更

如果某一国家成员体希望放弃分委员会秘书处工作，该国家成员体应立即通知上级技术委员会秘书处，至少提前 12 个月发出通知。

如果某一技术委员会始终未能履行本程序规定的职责，首席执行官或国家成员体可以将此事提交上级技术委员会处理，可以通过 P 成员的多数票决定重新指派分委员会秘书处。无论上述哪种情况，技术委员会秘书处都应发出征询通知以征集分委员会其他 P 成员承担秘书处的意愿。

如果有两个或多个国家成员体愿意承担同一分委员会秘书处工作，或是如果由于技术委员会架构的原因，秘书处的重新指派与技术委员会秘书处的重新指派密切相关，则由技术管理局决定分委员会秘书处的重新指派。如果只有一个国家成员体愿意承担秘书处工作，则由上级技术委员会自行指派。

3.3　工作组

工作组（WG）是技术委员会或分委员会为完成专项任务而成立的。工作组通过召集人向技术委员会或分委员会报告工作。工作组专家由技术委员会或分委员会的 P 成员、A 类联络组织和 C 类联络组织分别指派，并有人数限制。专家以个人身份工作，但由 C 类联络组织任命的专家除外。

此外，技术委员会或分委员会可成立特别工作组，研究某一特定问题，其成员从出席技术委员会或分委员会会议的代表中选出，如有必要可由委员会指派专家给以补充。该小组由专人起草报告，并在本次会议或最迟在下一次会议上向委员会报告其研究成果，在会议上提交报告后自动解散。

在特殊情况下可组建联合工作组（JWG），承担多个 ISO 和/或 IEC 技术委员会或分委员会感兴趣的特殊任务。

3.3.1 工作组的设立

工作组有一定的规模限制，由上级技术委员会的 P 成员、A 类联络组织和 C 类联络组织独立指派的专家组成，旨在共同完成分配给工作组的特定任务。专家以个人身份工作，而不是作为指派他们的 P 成员或 A 类联络组织的官方代表，C 类联络组织任命的专家除外。

技术委员会或分委员会可决定每个 P 成员和联络组织指派专家的最多人数限制。

一旦做出成立工作组的决定，应正式通知 P 成员及 A 类联络组织和 C 类联络组织，以便指派专家。

3.3.1.1 工作机制

技术委员会或分委员会可以为完成某个专项任务而成立相应的工作组，工作组应通过上级技术委员会指定的召集人向上级技术委员会或分委员会报告工作。

工作组应按成立的顺序进行编号。

当委员会在其会议上决定成立工作组时，应立即指定召集人或代理召集人，召集人或代理召集人应安排在 12 周内召开第 1 次工作组会议。当委员会形成决议后应立即将上述信息通报给技术委员会的 P 成员、A 类联络组织和 C 类联络组织，并邀请他们在 6 个星期内指派专家。当其任务完成后，一般是指其最后一个项目完成征询意见阶段，工作组应由技术委员会形成决议解散，项目负责人继续承担顾问工作，直至出版阶段完成。

3.3.1.2 不同类型的工作组

1. 特别工作组（Ad hoc group）

技术委员会或分委员会可成立特别工作组，研究某一特定问题。

特别工作组成员应从出席上级技术委员会会议的代表中选出，如有必要，可由委员会指派专家予以补充。上级技术委员会还应指定一名起草报告的人员。特别工作组在会议上提交报告后应自动解散。

2. 联合工作组（Joint working group）

在特殊情况下，可由承担多个 ISO 和/或 IEC 技术委员会或分委员会组建联合工作组（JWG）以完成共同感兴趣的特殊任务。收到组建联合工作组邀请的委员会应及时予以回复。

建立联合工作组的决定应附有各委员会就下列事项达成的共同协议：

（1）负责管理该项目的委员会/组织（拥有行政主导权）；

（2）担任联合工作组的召集人，召集人应由某一委员会的 P 成员提名，也可以选择从其他委员会任命共同召集人；

（3）联合工作组的成员资格（如一致同意，成员资格可对所有有兴趣参与的 P 成员和 A 类联络组织、C 类联络组织开放，可规定各委员会代表数量均等）。

对于联合工作组完成的标准化工作，其每一阶段的工作准则由负责管理该联合工作组的主导委员会按导则内容执行。如果主导委员会是 JTC1，则导则中对于 JTC1 的补充条款也同样适用。

3.3.2 工作组召集人

3.3.2.1 工作组召集人的能力要求

工作组召集人通常应具有以下要求：

（1）主持工作组会议。工作组召集人应具备有效、公平的主持工作组会议的能力。在工作组会议中，能将各国专家的意见进行协调并达成共识。

（2）具有国际视野。工作组召集人应公正，不代表任何一国的利益。

（3）项目管理能力。工作组召集人应确保项目按照既定的进度计划进行，管理文件并通过 ISO 系统分发文件。

（4）了解相关利益方和市场需求。工作组召集人应基于对市场需求的了解开展相关工作。

（5）熟悉 ISO 导则。工作组召集人应熟悉掌握 ISO/IEC 导则并执行。

（6）善于与 ISO 或 IEC 委员会建立合作。工作组召集人应根据项目需要，与其他委员会建立合作工作机制。

（7）擅长使用 ISO 工具。工作组召集人应了解并熟悉工作阶段所需各种工具和模板。

3.3.2.2 工作组召集人的任命

工作组召集人应当由委员会任命，最长任期三年，任命在下一个上级技术委员会全体会议后结束。召集人的任命还应由国家成员体（或联络组织）予以确认。经重新任命，召集人可续任三年，召集人的续任没有次数限制。

召集人的任何变更由该委员会决定，而不是由国家成员体（或联络组织）决定。根据需要，召集人可以由秘书处支持。

ISO 鼓励委员会在发展中国家成员体和发达国家成员体之间建立召集人/联合召集人结对协议（每个工作组最多设一个联合召集人）。主导方（召集人）和结对方（联合召集人）将由双方协议决定。召集人和联合召集人必须是该委员会的 P 成员（直接或通过结对协议）。同样的规则也适用于召集人和联合召集人的任命和任期。职责的划分应经召集人和联合召集人双方同意确定（最好形成结对协议），并通知其上级技术委员会成员和首席执行官办公室。

注：联合召集人只适用于有结对协议的工作组以及联合工作组（JWG）。

3.3.2.3 工作组召集人的主要工作

在新工作项目提案（NP）阶段，委员会通过决议确定工作组召集人或者项目负责人。

在准备阶段，召集人与 P 成员在批准期间指定的专家一起工作。工作组应向技术委员会或分委员会提交草案的目标日期。工作组的召集人应保证所开展的工作仍是投票时所确定的工作项目。

工作组在工作阶段应定期召开会议，工作组应尽可能使用现代化电子手段开展工作（如电子邮件、远程电话会议）。当需要举行会议时，工作组会议的召集人应在会前至少 6 周将通知寄给其成员和上级技术委员会秘书处。

会议的准备工作应由会议召集人和会议承办国工作组的成员共用承担，后者负责所有实际工作的安排。如果工作组会议与上级技术委员会工作会议联合召开，则会议召集人应与上级技术委员会秘书处协调安排。特别应确保工作组成员能够收到分发给上级技术委员会会议代表的所有一般性会议资料。

ISO/IEC 导则第 1 部分只描述了会议议程必须在会议前 6 周发送，其他文件发行的时间则由工作组成员确定。为确保工作组专家能充分准备，会议前文件的发送时间表由 WG 召集人按工作组可接受的时间范围做出决定。

3.3.2.4　工作组召集人的申请流程

申请人需填写《ISO/IEC 工作组专家/召集人申请表》（参见附录 A.3）。一般而言，工作组召集人候选人需要在所属技术委员会或分委员会进行投票，并向国内技术对口单位提交专家申请表，经技术对口单位审核后提交国家标准化主管部门进行审核。在提名时，技术对口单位对召集人进行以下能力的考虑：

（1）在部门内现有角色；

（2）教育程度；

（3）职业经历；

（4）领导力经验；

（5）是否参与过相似的活动；

（6）语言能力。

3.3.3　秘书处

工作组通常不是必须要配置秘书，但召集人如对此有需求，可挑选合适的专家担任工作组秘书。工作组秘书应熟悉 ISO 对于工作组组织会议等工作的要求。通常情况下，工作组秘书也可以由熟悉 ISO 规则的工作组内注册专家兼任，更多情况下，工作组秘书由召集人兼任。工作组秘书的申报流程参见注册专家，需要注意的是，国内技术对口单位发给国家标准化管理部门的函件中需注明某专家为工作组秘书。

3.3.4　注册专家

3.3.4.1　基本要求

注册专家是以个人身份加入工作组，参与完成该工作组项目。因此，注册专家应具备的要求包括但不限于：

（1）参与度。能积极参加工作组对于草案的资料和意见征集、标准编写等工作。

（2）语言能力。能无障碍的与工作组中其他国家的专家进行沟通交流。

（3）教育程度。项目所对应的专业知识。

（4）职业经历。尤其是标准编制和科研方面的经验。

（5）是否参与过相似的活动，能熟练掌握 ISO 工具参加会议、收发文件进行投票并发表意见。

3.3.4.2　申请流程

1. 国内流程

申请人需填写《ISO/IEC 工作组专家/召集人申请表》（图 3-2，参见附录 A.3）。

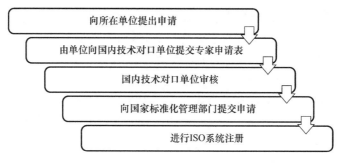

图 3-2　国内申请流程

2. ISO 流程

由上级技术委员会的 P 成员、A 类联络组织和 C 类联络组织分别指派的有人数限制的专家组成，旨在共用处理分配给工作组的特定任务。

工作组专家的姓名和联系信息应提供给其他工作组专家并由国家成员体负责更新（或首席执行官办公室负责联络组织）。

工作组的构成在 ISO 中规定。未在 ISO Global Directory（GD）工作组注册的专家可能无法参与其工作。

长期不积极，不能通过参会或通信对工作组做出贡献的专家，经工作组与 P 成员商定，并由技术委员会和分委员会秘书处提出要求，首席执行官办公室应将其除名。

其任务一旦完成工作组即应解散，项目负责人继续承担顾问工作，直至出版阶段完成。

3.3.4.3　工作内容和要求

对于我国以积极成员参加的 ISO 和 IEC 技术机构，国内技术对口单位应积极选派各相关方面专家参加工作组，争取担任工作组召集人。

工作组专家应积极参加工作组活动，履行专家义务，与工作组召集人保持密切联络，直接或以通信方式参加工作组会议，对相关国际标准起草工作做出积极贡献。如专家个人联络信息变更，应及时报送工作组召集人并抄报国务院标准化主管部门及国内技术对口单位。

工作组专家参加工作组活动的技术意见应报国内技术对口单位审核；参加工作组会议的，应在会议结束后 30 天内向国内技术对口单位提交参会报告。

3.4　联合技术工作

3.4.1　联合技术咨询局（Joint Technical Advisory Board）

联合技术咨询委员会（JTAB）的任务是避免或消除 ISO 和 IEC 技术工作中可能或事实上重复的工作，当其中一个组织认为需要做出联合计划时就采取措施。联合技术咨询局只处理下一级在运用现行程序时不能解决的问题。这些问题除了技术工作外，可能还涉及策划和程序等内容。

联合技术咨询局的决定要通知 ISO 和 IEC 两个组织立即实施，对于这种决定至少在 3 年内不得申诉。

3.4.2 联合技术委员会(Joint Technical Committees)、联合项目委员会(Joint Project Committees)和联合工作组(Joint Work Group)

可根据 ISO 技术管理局（TMB）和 IEC 标准化管理局的共同决定或联合技术咨询局决定建立联合技术委员会（JTC）和联合项目委员会（JPC），在特殊情况下可设立联合工作组（JWG），用来承担 ISO 和 IEC 技术委员会或分技术委员会感兴趣的专项任务。

这应该通过两个组织之间相互协商来决定由一个组织承担联合项目委员会管的职责。

参与其工作原则遵循 1 个成员/国家 1 票。

同一个国家的两个国家成员体选择参加一个联合项目委员会的工作时，应确定一个成员体承担该委员会的管理责任。承担管理责任的国家成员体有责任协调在其国内的活动，包括分发文件、评论和投票。另外，还应遵守项目委员会正常的程序。

3.5 国内技术对口单位

3.5.1 国内技术对口单位的设立

3.5.1.1 国内技术对口单位设立原则

设立国内技术对口单位的原则包括：

（1）设立国内技术对口单位应当与 ISO 和 IEC 技术机构相对应，ISO 和 IEC 技术委员会的国内技术对口单位不自动成为其分技术委员会的国内技术对口单位；

（2）国内技术对口单位原则上由本专业领域对应的全国专业标准化技术委员会秘书处单位承担，没有对应的全国专业标准化技术委员会的，由本专业技术实力强、具备组织参与国际标准化工作能力的企业、科研院所、检验检测认证机构、行业协会及高等院校等单位承担。

3.5.1.2 国内技术对口单位设立条件

经批准设立的国内技术对口单位应当将参与国际标准化活动相关工作纳入本单位工作规划和日常工作。承担国内技术对口单位应具备下列条件：

（1）我国境内依法设立的法人组织；

（2）有较强的技术实力和影响力，有较强的参加国际标准化活动的组织协调能力；

（3）有熟悉国际标准化工作程序和较好英语水平的工作人员；

（4）有专门机构及开展工作所需的资金和办公条件；

（5）国务院标准化主管部门规定的其他条件。

3.5.1.3 国内技术对口单位设立程序

参加 ISO 和 IEC 的技术机构的成员身份，由国内技术对口单位提出建议并报国务院标准化主管部门，由国务院标准化主管部门统一向 ISO 和 IEC 申报。

国内技术对口单位的设立程序包括提出申请、资质审查、批复和成立，具体包括：

（1）行业主管部门，各省、自治区、直辖市人民政府标准化行政主管部门，以及全国专业标准化技术委员会秘书处承担单位、企业、科研院所、检验检测认证机构、行业协会及高等院校等，均可向国务院标准化主管部门提出承担国内技术对口单位的申请，申请单位需填写《承担国内技术对口单位申请表》（参见附录 A.4）。

（2）国务院标准化主管部门负责对提出承担国内技术对口单位的申请进行资质审查。

（3）对符合要求并协调一致的申请，国务院标准化主管部门予以书面批复，对无法协调一致，但社会经济发展和参加国际标准化活动迫切需要的，由国务院标准化主管部门组织考察论证，根据论证结果决定并予以批复。

（4）国内技术对口单位在国务院标准化主管部门批复成立后，应在 10 个工作日内启动相关工作。

3.5.2 国内技术对口单位的职责

国内技术对口单位具体承担 ISO 和 IEC 技术机构的国内技术对口工作，并履行下列职责：

（1）严格遵照 ISO 和 IEC 的相关政策、规定开展工作，负责对口领域参加国际标准化活动的组织、规划、协调和管理，跟踪、研究、分析对口领域国际标准化的发展趋势和工作动态；

（2）根据本对口领域国际标准化活动的需要，负责组建国内技术对口工作组，由该对口工作组承担本领域参加国际标准化活动的各项工作，国内技术对口工作组的成员应包括相关的生产企业、检验检测认证机构、高等院校、消费者团体和行业协会等各有关方面，所代表的专业领域应覆盖对口的 ISO 和 IEC 技术范围内涉及的所有领域；

（3）严格遵守国际标准化组织知识产权政策的有关规定，及时分发 ISO 和 IEC 的国际标准、国际标准草案和文件资料，并定期印发有关文件目录，建立和管理国际标准、国际标准草案文件、注册专家信息、国际标准会议文件等国际标准化活动相关工作档案；

（4）结合国内工作需要，对国际标准的有关技术内容进行必要的试验、验证，协调并提出国际标准文件投票和评议意见；

（5）组织提出国际标准新技术工作领域和国际标准新工作项目提案建议；

（6）组织中国代表团参加对口的 ISO 和 IEC 技术机构的国际会议；

（7）提出我国承办 ISO 和 IEC 技术机构会议的申请建议，负责会议的筹备和组织工作；

（8）提出参加 ISO 和 IEC 技术机构的成员身份（积极成员或观察员）的建议；

（9）提出参加 ISO 和 IEC 国际标准制定工作组注册专家建议；

（10）及时向国务院标准化主管部门、行业主管部门和地方标准化行政主管部门报告工作，每年 1 月 15 日前报送上年度工作报告和《参加 ISO 和 IEC 国际标准化活动国内技术对口工作情况报告表》（参见附录 A.7）；

（11）与相关的全国专业标准化技术委员会和其他国内技术对口单位保持联络；

（12）其他本技术对口领域参加国际标准化活动的相关工作。

3.5.3 国内技术对口单位工作内容

投票是技术对口单位重要的工作内容，投票事项一般包括标准内容的投票、标准各阶段的投票、技术机构事务性事项的投票（包括机构负责人任命、联络关系的建立和解除）等。因此，技术对口单位对于投票工作的要求，主要有以下几点：

（1）国内技术对口单位应在规定时间内，广泛征求国内各相关方意见，并提交国际标准文件的投票和评议意见。有行业主管部门的，投票和评议意见应同时抄送行业主管部门。行业主管部门对各相关方的不同意见，应组织协调并在规定时间内向国务院标准化主管部门报送投票和评论意见。

（2）国内技术对口单位在处理 ISO 的委员会内部国际标准文件的投票时，经国务院标准化主管部门授权许可后，可直接登录 ISO 国际标准投票系统对外投票。

（3）国内技术对口单位在处理 ISO 的国际标准草案、国际标准最终草案、复审等国际标准文件的投票时，应登录国务院标准化主管部门国际标准投票系统进行投票。国务院标准化主管部门对国内技术对口单位的投票和评论意见审核同意后，统一对外投票。

（4）国内技术对口单位在处理 IEC 的国际标准文件的投票时，应登录国务院标准化主管部门国际标准投票系统进行投票。国务院标准化主管部门对国内技术对口单位的投票和评论意见审核同意后，统一对外投票。

（5）国内技术对口单位在处理国际标准投票时，应使用 ISO 和 IEC 统一规定的投票意见模板（参见附录 A.14）。

3.5.4　国内技术对口单位的协调

ISO 和 IEC 技术委员会的国内技术对口单位与其分技术委员会的国内技术对口单位不是同一单位的，应建立联络关系；

ISO 和 IEC 技术机构之间有联络关系的，相应的国内技术对口单位之间应同样建立联络关系；

国内技术对口单位可指派观察员参加建立联络关系的技术对口工作组的工作，获取相关国际标准文件，参加会议讨论，但没有投票权；

国内技术对口单位与相对应的全国专业标准化技术委员会的秘书处不是同一单位承担的，应与相对应的全国专业标准化技术委员会建立联络关系，共同对国际标准进行研究分析，形成我国对国际标准草案的投票意见。在采用国际标准时，国内技术对口单位应向相对应的全国专业标准化技术委员会，提供国际标准草案和国际标准等文件资料，并提供技术咨询。

3.5.5　国内技术对口单位调整和撤销

国务院标准化主管部门定期检查国内技术对口单位工作情况。有下列情形之一的，可对承担单位进行调整：

（1）未履行国内技术对口单位工作职责，没有正常开展工作或工作开展不力，对口国际标准化工作质量出现严重问题的；

（2）不履行国际标准投票工作义务，投票率低于 90% 的；

（3）连续两次不参加国际会议且未向国务院标准化主管部门说明理由的；

（4）利用承担国内技术对口单位工作为本单位或者相关利益方谋取不正当利益的；

（5）违规使用国际标准化工作经费，逾期未改正的；

（6）存在其他应当调整的行为的。

国内技术对口单位不再承担相应工作的，应提前 6 个月提出申请，经国务院标准化主管部门审核后予以调整。

由于对口的 ISO 和 IEC 技术机构撤销，或其工作范围发生调整，承担单位不再适合担任国内技术对口单位的，国务院标准化主管部门可对其予以撤销或调整。

ISO 和 IEC 技术委员会与其分技术委员会的国内技术对口单位由不同单位承担的，分别负责对应领域的国际标准投票等工作。分技术委员会的国内技术对口单位应定期向技术委员会的国内技术对口单位报告工作情况，填写《参加 ISO 和 IEC 国际标准化活动国内技术对口工作情况报告表》（参见附录 A.7）。

3.6 参加或承办国际会议

3.6.1 参加国际会议

3.6.1.1 TC/SC 全体会议

1. 组织和申请

国内技术对口单位负责参加 ISO 和 IEC 技术机构会议中国代表团的组织及参会预案准备工作。国内技术对口单位在收到 ISO 和 IEC 会议通知后，应在 5 个工作日内将会议通知转发国内技术对口工作组及相关单位。国内各有关单位参加国际会议，应向国内技术对口单位提出申请，参加由国内技术对口单位统一组织的中国代表团，不得自行与 ISO 和 IEC 联系。国内技术对口单位负责对参加国际会议的代表进行资质审查，填写《参加 ISO 和 IEC 会议报名表》（参见附录 A.6），并提出中国代表团组成和团长建议。原则上团长应具有进行表态和发言的技术和语言能力。参会团组方案应报国务院标准化主管部门并抄报相关行业主管部门（住房和城乡建设部），由国务院标准化主管部门统一向 ISO 和 IEC 提出参会申请并对参会代表进行注册。

2. 参加国际会议要求

参加国际会议的代表应遵守以下工作要求：

（1）严格遵守外事纪律；

（2）严格执行参会任务，按时参加国际会议，不得出现缺席现象；

（3）认真准备参会预案，所有代表团成员应按参会预案的统一口径，在参会期间开展国际沟通和交流工作，进行会议发言；

（4）参会代表团在参加会议时，只有团长有权对会议决议投票、表态，经团长授权后，其他代表方可在会议发言或进行表态。

3. 注意事项

未经国务院标准化主管部门审核，任何单位或个人不得代表我国出席 ISO 和 IEC 会议，由此产生的后果由派出单位负全部责任。

参加 ISO 和 IEC 会议代表的外事手续，由代表派出单位根据国家外事管理的有关规定自行办理。

国内技术对口单位应在会议结束 30 天内将书面总结报送国务院标准化主管部门，同时抄送行业主管部门。

3.6.1.2　工作组会议

参加工作组会议应首先是工作组专家。工作组会议的形式有视频会议和现场会议。为节约成本，很多工作组的现场会议与委员会或分委员会的全体会议一起举办。

工作组专家的注册流程参见第3.3.4条。

视频会议的参加方式参加第5.2节中会议模块的介绍。ISO系统从2018年开始试用ZOOM进行视频会议，工作组专家在会议前会受到本组召集人发来的会议室链接，即可进入会议室参加会议。

当专家需要参加工作组现场会议时，可自行在ISO工作平台进行会议注册，工作组会议不需要进行专门的申请。

3.6.2　承办国际会议

3.6.2.1　ISO对于承办国际会议的要求

希望承办某次会议的国家成员体应与首席执行官及相关技术委员会或分委员会秘书处联系。

该国家成员体首先应保证其所在国对以参加会议为目的技术委员会或分委员会P成员代表的入境没有限制。

若授权委托参会，P成员国和O成员国的国家标准机构应向TC/SC/PC秘书处提交一份参会的委托人名单。

TC/SC/PC秘书处应将上述名单发给会议主办国标准机构，以便后者为会议做好准备。需要邀请函的参会国家标准机构有义务将参会人员名单直接发给会议主办国标准机构。

建议会议主办方落实并提供参加会议的设施，包括会议地址有无电梯或坡道，以及无到达会址的公共交通设施。

会议可由下述单位承办：

• 任何ISO成员（成员体、通信成员、注册成员）；
• 对于工作组会议，相关的委员会的任一联络员。

对于技术委员会或子委员会会议，该国的ISO成员应是主办方，会议的预先审批是必需的。

对于工作组会议，在会议被确认之前，该国的ISO成员必须给出会议通知。

承办会议者不必是相应委员会工作的直接参加者，虽然通常都是直接参与者。

拟承办会议者首先应确定其国家对参加会议的TC或SC的P成员的代表入境没有任何限制。在某些情况下，可能有必要取得特殊入境许可——只要可能，承办方应当协助确定是否需要取得特殊入境许可，但是，秘书处或工作组领导人应会同参加会议人员一起对任何限制做出决定。

某些承办单位可能没有足够的会议设施和/或资源，主要承办方（即某ISO成员）可以接受另外组织的帮助，例如提供会议场所或组织欢迎活动。

不管是谁实际承办会议，召开会议是秘书（TC或SC或类似组织）或工作组领导人（工作组、特别工作组）的职责。因此拟承办会议单位应直接与他们联络。

3.6.2.2　国内承办国际会议的相关要求

国内技术对口单位应先与ISO和IEC的相关技术机构秘书处初步协商，向国务院标准化主管部门提交申请，国务院标准化主管部门按照在华举办国际会议的有关要求审查后，统一向 ISO 和 IEC 提出主办会议的正式申请。

国务院标准化主管部门作为会议的主办单位，国内技术对口单位或其委托的其他单位作为会议的承办单位。会议承办单位应遵守在华举办国际会议的有关规定，会议承办单位不得收取会议代表注册费。

会议承办单位在会议结束后 30 天内向国务院标准化主管部门提交承办会议总结，同时抄报行业主管部门。

工作组应尽可能使用现代化电子手段开展工作（如电子邮件、远程电话会议）。当需要举行会议时，工作组会议的召集人应在会前至少 6 周将通知寄给其成员和上级技术委员会秘书处。

会议的准备工作应由会议召集人和会议承办国工作组的成员共用承担，后者负责所有实际工作的安排。

如果工作组会议与上级技术委员会工作会议联合召开，则会议召集人应与上级技术委员会秘书处协调安排。特别应确保工作组成员能够收到分发给上级技术委员会会议代表的所有一般性会议资料。

3.6.2.3 会议时间

ISO/IEC 导则 第 1 部分要求应事先发出下列通知（表 3-2）：

国际会议通知信息 表 3-2

会议组织方	预先通知会议日期	预先通知会议地点
技术委员会或分委员会	2 年	4 个月
工作组	—	6 周

一般来说，为使参会者能够做出适当的工作安排和旅行安排，通知越详细越好，需要时还要提供简介。

如果会议承办单位需要撤销承办申请，也应考虑这些期限。

3.6.2.4 会议语言

会议中使用的语言是英语、法语和俄语，会议可用其中一种或一种以上的语言召开。俄罗斯联邦国家成员体提供所有俄语的口译或笔译服务。

适当时，主席和秘书处应依据 ISO 或 IEC 通用规则以参加会议人员能够接受的方式妥善解决会议中使用的语言问题。

3.6.2.5 会议取消

会议一旦确认，应尽力避免取消或推迟会议。然而，如果不能在要求的时间内准备会议议程及基本文件，首席执行官则有权取消会议。

3.6.2.6 会议赞助方

大型 ISO 会议复杂且耗资较大，对资源的要求可能超出 ISO 成员自身能力。因此允许接受一个或多个赞助方来分担组织和花费。在会上标示资助方，在会上感谢他们的支持是可以的，但是不能把 ISO 会议变成商业或资助方产品或服务的宣传活动。

3.6.2.7 会议设施

任何申请承办 ISO/TC 或 SC 会议的成员体应根据正常会议出席情况及秘书处预见的

为召开并行会议（如工作组、特别工作组、起草委员会）所提出的要求，负责提供适宜的会议设施，包括翻译设备。会议期间各团组需要的工作设施（即房间除外）都不同，这可能包括打印和网络连接（电话会议设备），也可能需要行政管理支持，可能要求（不应是义务）会议承办者提供单独设施服务，如"主席"或"秘书处"房间。

应当由相关委员会秘书处或工作组领导人确定具体的会议要求。有些委员会秘书处制定和维护了长效的文件，向成员体通告要求任何委员会的会议承办者提供的设施，以确保他们清楚了解所要求提供的设施。同时也要求工作组会议的承办者提供所有基本工作设施。

3.6.2.8 会议翻译

主席和秘书负责按 ISO 或 IEC 规则以参会者能接受的方式解决会议上的语言问题。会议的官方语言是英语、法语和俄语，会议可以使用其中一种或多种语言。典型的语言组合是英语和法语，或只用英语。在后一种情况下，只有在取得法语成员的同意下才能把法语省去。因此，可能需要会议承办方提供英语和法语之间的翻译，这需要事先决定。可能的承办者需要向 ISO 中央秘书处或向其他 P 成员寻求协助。俄罗斯国家成员体提供俄语口译和笔译。

3.6.2.9 欢迎活动和社会活动

由于 ISO 获得广泛认可和尊重，因此在技术委员会（TC）会议期间举办正式相关庆祝活动是正常的，例如技术委员会会议开幕式。这类活动是可接受的，但这类庆祝活动和社会活动完全由承办方自愿选择，通常应经过有关团组的秘书和主席的批准。

承办方也可以提供各种社会活动（可能与赞助方合作），这些活动不是必需的。

认识到欢迎活动和社会活动极大地增加了组织会议的时间和费用，可能也会增加参加者的费用，增加了所有参加者在资源上的压力，因此简化的会议是有其优点的。综上所述，会议间不应互相攀比，承办方也不应互相攀比，承办方没有任何义务需要在欢迎/社会活动方面超过以前的会议。

3.6.2.10 ISO 会议代表的会议费

被认可的代表没有义务支付作为参加 ISO 会议的条件的费用。然而，在极例外的情况下（即大型和复杂的会议），某些收费机制可能是必要的，但是这类收费机制需要得到 ISO 委员会经理的个案批准。

在 ISO 会议期间，承办方没有提供社会职能的义务。但是如果委员会要求承办方安排社会职能，则承办方有权要求参加的代表承担相关费用。

4 国际标准编制

ISO 主要出版物有：国际标准（International Standard）、可公开获取的规范（Public Available Specification）、技术规范（Technical Specification）、技术报告（Technical Report）、国际研讨会协议（International Workshop Agreements）和指南（Guides）。本节主要说明的是国际标准制修订工作，制定国际标准的工作由 ISO 的 TC 和 SC 负责。

国际标准的编制是国际标准化工作的核心内容，也是主导或参与国际标准化工作的重要目标。因此熟悉和掌握国际标准编制的原则、程序以及编制工作技巧，是开展国际标准化工作的前提。本章根据《ISO/IEC 导则：第一部分》和《ISO/IEC 导则：第二部分》等相关文件内容完成编写，主要包括国际标准编制原则、国际标准编制程序和国际标准编制内容等。

4.1 国际标准编制原则

根据世界贸易组织（WTO）贸易技术壁垒协议（TBT），所有的 WTO 成员应该确保其法规、标准应避免设置不必要的贸易技术壁垒。因此为了确保国际标准工作的质量和 TBT 的有效实施，标准编制工作应该遵循以下六个工作原则：

（1）透明性。在标准立项、编制过程中，所有的重要信息都应该面向国际标准化组织所有成员国公开，并给予他们足够的时间和机会来进行意见反馈。

（2）开放性。国际标准化组织应无差别的对 WTO 成员方等开放，使得各成员国可以公平参与政策和相关标准的制订工作。

（3）公平协商性。WTO 成员的所有相关机构都应获得有意义的机会为国际标准的制定做出贡献，以确保国际标准的定制过程不会给予某些国家、团体或区域不当的竞争优势。还应建立程序确保所有利益相关方的观点都能够得到考虑，并通过协商有效处理其中的争议。在整个标准编制过程中都应该严格做到公平协商。

（4）相关性和有效性。为了帮助 WTO 成员方更好地推动国际贸易，减少不必要的贸易壁垒，国际标准应该具有相关性，并能有效解决成员国的市场、法规以及科学技术发展的需要。国际标准不应该扰乱国际市场，影响公正的市场竞争，或阻碍科学技术的发展。当不同国家存在不同需求和利益时，国际标准不应该偏向或有利于某些国家或地区的要求和利益。在可能的情况下，国际标准的编制应该基于性能的目标导向，而不是基于设计方法。

（5）一致性。国际标准应该加强相关标准化组织之间的合作和协调，以避免国际标准化组织内或不同组织之间的标准存在冲突和重叠。

（6）发展空间。公平性和开放性原则都要求所有的标准化工作都离不开发展中国家的参与。考虑到发展中国家在参与标准编制工作中遇到的困难，ISO 会采取切实有效的措施来帮助发展中国家参与标准编制，从而提高他们国际标准的参与度。

4.2　国际标准编制程序

技术委员会的主要职责是编制和维护国际标准，国际标准的制定应该是有计划、有组织、有秩序地按一定的程序进行。

根据《ISO/IEC 导则：第 1 部分》，ISO 相关秘书处受理项目立项申请资料后，立项工作便进入到预工作项目（PWI，也称预阶段）。这个阶段是制定 ISO 国际标准研究的第一个阶段，代表 ISO 正式受理此立项申请，是立项申请工作的开始，此时提案将被授予前缀为 PWI 的文件编号。正式进入 ISO 国际标准编制主要有六个阶段，分别为：提案阶段（NP）、准备阶段（WD）、委员会阶段（CD）、征询意见阶段（ISO/DIS）、批准阶段（FDIS）和出版阶段（ISO），国际标准发布实施后，需要定期进行复审。

标准具体制定流程见图 4-1。国际标准编制的项目不同阶段以及相对应的文档的名称见表 4-1。

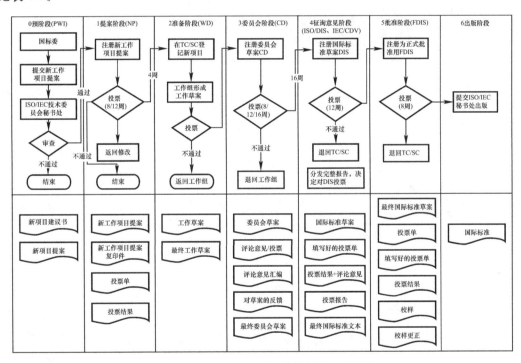

图 4-1　ISO/IEC 国际标准制定详细流程图

国际标准编制阶段　　　　　　　　　　　　　　　　　　　　　　表 4-1

阶段	子阶段						
	00 注册	20 开始主要活动	60 完成主要活动	90 决议			
				92 重复较早的阶段	93 重复现阶段	98 终止	99 继续进行
00 预阶段 (PWI)	00.00 收到新项目	00.20 审议新项目	00.60 结束审议			00.98 终止新项目	00.99 批准对新工作项目投票表决

阶段	子阶段						
	00 注册	20 开始主要活动	60 完成主要活动	90 决议			
				92 重复较早的阶段	93 重复现阶段	98 终止	99 继续进行
10 提案阶段 (NP)	10.00 注册新项目 (PWI)	10.20 新项目投票启动：8/12周	10.60 投票结束	10.92 提案返回提交者进一步阐明		10.98 新项目被拒绝	10.99 批准新项目提案 (NWIP)
20 准备阶段 (WD)	20.00 在 TC/SC 工作计划中注册的新工作项目	20.20 开始工作草案 (WD)	20.60 工作组内讨论协商结束			20.98 项目取消	20.99 批准把 WD 注册为 CD
30 委员会阶段 (CD)	30.00 委员会草案 (CD) 注册	30.20 CD 草案研究/投票开始 8/12/16周	30.60 投票/评论期结束	30.92 CD 退回工作组		30.98 项目取消	30.99 批准把 CD 注册为 DIS
40 征询意见阶段 (DIS)	40.00 国际标准草案（DIS）注册	40.20 DIS 投票开始：12周	40.60 投票结束	40.92 分发完整报告：DIS 退回 TC 或 SC	40.93 分发完整报告：决定对新的 DIS 投票	40.98 项目取消	40.99 分发完整报告：批准把 DIS 注册为 FDIS
50 批准阶段 (FDIS)	50.00 最终国际标准草案 (FDIS)注册	50.20 样稿发送至秘书处或启动 FDIS 投票开始:8周	50.60 投票结束，由秘书处退校样稿	50.92 FDIS 返回 TC 或 SC		50.98 项目取消	50.99 FDIS 批准发布
60 出版阶段 (Publication)	60.00 国际标准出版编校		60.60 国际标准出版				
90 复审阶段 (Review)		90.20 国际标准定期复审	90.60 复审结束	90.92 国际标准修订	90.93 国际标准批准		90.99 TC 或 SC 提出撤销国际标准
95 撤销阶段 (Withdrawal)		95.20 发起撤销投票	95.60 投票结束	95.92 决定不撤销国际标准			95.99 撤销国际标准

4.2.1 预阶段

4.2.1.1 主要任务

对于因不完全成熟、目标日期不明确等原因，尚不能直接以新项目提案进行投票的项目，可先将其纳入本委员会工作计划，开始草案的研究和制定。这一阶段的新项目主要是指新兴技术领域的项目，包括战略计划中的"新需求的展望"所列的项目。

4.2.1.2 工作程序

提交国际标准新工作项目提案应遵照以下工作程序：

（1）国际标准新项目立项之前，需向行业主管部门（住房和城乡建设部）进行申请；对立项提案进行行业背景及立项必要性等相关情况说明；

（2）按照 ISO 和 IEC 的要求，准备国际标准新工作项目提案申请表，及国际标准的中英文草案或大纲，填写国务院标准化主管部门《国际标准新工作项目提案审核表》（参见附录 A.5）；

（3）上述材料经相关国内技术对口单位协调、审核，并经行业主管部门审查后，由国内技术对口单位报送国务院标准化主管部门；国务院标准化主管部门审查后统一向 ISO 和 IEC 相关技术机构提交申请；如无行业主管部门的，国内技术对口单位可直接向国务院标准化主管部门报送申请；

（4）提案单位和相关国内技术对口单位应密切跟踪提案立项情况，积极推进国际标准制修订工作进程并将相关情况及证明文件及时报国务院标准化主管部门备案。

4.2.1.3 相关要求

对预工作项目工作计划中的每个项目都应给一个编号，并应将这个编号保留在工作计划中直至项目完成，或直至项目撤销。之后，如果技术委员会或分委员会认为有必要把一个项目分成若干子项目，则可给每个子项目一个分编号。子项目应完全涵盖在原项目的业务范围之内，否则应提交一个新的工作项目提案。

所有未能在有效期内推进到提案阶段的预工作项目（ISO 标准规定 3 年有效期）都将自动从工作计划中删除。

4.2.1.4 注意要点

1. 新工作项目提案人应完成下列工作：

（1）与国内技术对口单位联系，国内技术对口单位将提供辅导与协助；

（2）准备第一工作草案供讨论、或至少应提供这种工作草案大纲；

（3）提出一名项目负责人；

（4）准备《国际标准新工作项目提案审核表》、ISO Form 4 表格（中英文，参见附录 A.5、A.10）。

2. 预阶段立项的条件

委员会或分委员会 P 成员投票，简单多数投票通过，即可立项成功。对与 3 年内未进入提案阶段的 PWI 项目，将自动被删除。

4.2.2 提案阶段

4.2.2.1 主要任务

对一个新工作项目提案（NP，包括新标准、现行标准新的部分、技术规范或可公开获取的规范等）在 TC/SC 的 P 成员中进行评审、投票，以确定是否立项。

4.2.2.2 工作程序

1. 提出新工作项目提案

新工作项目提案可由下列相关组织提出：

（1）国家成员体；

（2）技术委员会或分委员会秘书处；

（3）另一个技术委员会或分委员会；

（4）A 类联络组织；

（5）技术管理局（TMB）或其咨询组之一；

（6）首席执行官。

2. 对新工作项目的投票

（1）首席执行官办公室或技术委员会收到提案表格；

（2）评估提案与现有工作的关系，必要时可在提案表格上添加意见或建议；

（3）提案表格分发给技术委员会或发技术委员会，由 P 成员进行书面投票，并为 O 成员和联络成员提供参考；

（4）投票结果应在 12 周内返回，委员会也可通过决议的方式逐案表决，以将新工作项目提案的投票期缩短为 8 周。

3. 新工作项目提案被接受

（1）新工作项目一旦被接受，就将作为新项目以适当的优先顺序纳入相关技术委员会或分委员会的工作计划中相应表格中应注明一致通过的目标日期；

（2）投票结果应在投票结束后的 4 周内被报送给 ISO 中央秘书处；

（3）将工作项目纳入工作计划，提案阶段即告结束。

4.2.2.3 相关要求

1. 对新工作项目提案表的要求

（1）提案应按照 ISO 的要求制定，并提供足够的信息支持国家成员体在充分了解后做出决策；

（2）表格中应注明建议出版的日期。

2. 无需提交新工作项目提案（NP）的情况

（1）修订现有标准或技术规范不需要提交新工作项目提案；

（2）对现有技术规范（TS）或可公开获取的规范（PAS）（在 6 年有效期内）进行修订或修改；

（3）将技术规范（TS）或可公开获取的规范（PAS）转化为国际标准（ISO）。

3. 新工作项目提案的起草人的要求

（1）尽量提交工作草案初稿以供讨论，或至少应提交工作草案的大纲；

（2）指定一名项目负责人；

（3）提交相应表格前，与委员会负责人一同对提案进行讨论，以便根据市场需求决定适当的编写过程并起草项目计划，包括关键节点和第一次会议的建议日期。

4. 提案阶段，应提供委员会通过的决议内容

（1）目标日期；

（2）范围；

（3）召集人或者项目负责人、委员会要召集的专家。

4.2.2.4 注意要点

1. 提案立项的条件

（1）参加投票的技术委员会（TC）或分委员会（SC）积极成员（P 成员）的有效票

数的 2/3 为赞成票，下列情况为无效票：

1）弃权票；

2）反对票：无合理理由且在委员会秘书处询问后 2 周内没有答复。

（2）同时投赞成票的 P 成员指派专家的数量要满足下列条件：

1）P 成员在 16 个以内（包括 16 个）的委员会至少有 4 个 P 成员指派专家；

2）P 成员在 17 个以上（包括 17 个）的委员会中至少有 5 个 P 成员指派专家；可在投票结果出来后的两周内指派专家；

3）各委员会可增加指派专家的最少人数要求。

如果能证明某一行业或技术的知识只存在于非常少数的积极成员（P 成员）中，委员会可向技术管理局（TMB）提出申请，允许在少于 4、5 名指派技术专家的情况下继续推进。

（3）立项投票的注意事项：

1）提前与有关国家的专家（特别是负责投票的专家）进行沟通联系；

2）随时关注投票的进展情况，并与 ISO/IEC 的 TC/SC 秘书处保持联系；

3）投票过程中发现投票情况可能会达不到通过的标准时，需及时做好应对策略；

4）投票结束后若统计最终投票结果达不到 ISO/IEC 立项标准，可考虑申请作为 PWI 项目，条件成熟后再次投票。

2. 工作计划

（1）目标日期

对于工作计划中的每个项目，技术委员会或分委员会应确定完成下列每个阶段的目标日期：

1）完成第 1 工作草案（如果新工作项目提案的提案人只提供工作文件大纲）；

2）分发第 1 委员会草案；

3）分发询问草案；

4）分发最终国际标准草案（经 CEO 办公室同意）；

5）出版国际标准（经 CEO 办公室同意）。

注：委员会可以决定省略委员会草案（CD）阶段。

考虑到快速制定国际标准的需要，这些目标日期应适应尽可能短的制定时间，并应向 CEO 办公室报告，由 CEO 办公室向各国家成员体发送相关信息。关于目标日期的确定，请参见 ISO/IEC 导则各自补充部分。

在确定目标日期时，应考虑项目之间的关系。应优先考虑作为其他国际标准实施基础的国际标准制定项目。对于技术管理局（TMB）认可的对国际贸易有重要影响的项目应给予最优先考虑。

技术管理局（TMB）还可指示相关技术委员会或分委员会向 CEO 办公室提交最新的有效草案，作为技术规范出版。

应对所有的目标日期经常进行复审，必要时应进行修改，并在工作计划表中予以清楚地标明。修改后的目标日期应通知技术管理局（TMB）。对于工作计划表中 5 年以上尚未达到批准阶段的所有工作项目，技术管理局（TMB）将予以撤销。

当一个新提案的项目获得批准（不论是一个新的可提供使用文件还是对现行可提供使

用文件的修订），委员会秘书处在向 ISO 中央秘书处提交结果时，应同时说明标准的制定过程，如下（所有的目标日期根据项目批准日期来计算，AWI（批准工作项目），10.99 阶段）：

注：制定过程内各个阶段的截止日期应根据具体情况确定。

快速标准制定过程——到出版阶段 24 个月；

常规标准制定过程——到出版阶段 36 个月；

扩大标准制定过程——到出版阶段 48 个月。

委员会秘书处应不断检查目标日期，确保在每次委员会会议上都对目标日期进行检查、确认或修订。这种检查还包括确定这些项目是否仍是市场所需要的。如果发现这些项目不再被市场需要，或完成的日期太晚以至用户已采用其他解决方法，这些项目则应被取消。

（2）项目自动取消（及其恢复）

对于 2003 年 9 月 1 日或之后批准的项目，如果最终国际标准草案（40.00 阶段）或出版（60.60 阶段）超出了目标日期，委员会应在 6 个月内做出决定采取下列措施之一：

1）在准备阶段或委员会阶段的项目：如果技术内容是可接受且成熟的——则提交国际标准草案；在征询意见阶段的项目：如果技术内容是可接受且成熟的——则第二次提交国际标准草案或最终国际标准草案；

2）如果技术内容是可接受的，但未来作为国际标准可能还不完全成熟——则作为技术规范出版；

3）如果技术内容是可接受的，但未来作为国际标准或技术规范可能还不完全成熟——则作为可公开获取的规范出版；

4）如果作为技术规范出版或未来的国际标准来看其技术内容是不合适的，但却是公众关注的内容——则作为技术报告出版；

5）如果没有取得协商一致，但利益相关方强烈要求继续该项目——则向 ISO/IEC 提交延期申请——委员会可获得对整个项目最长达 9 个月的延期，但建议作为中间级可提供文件（如可公开获取的规范和技术规范）出版；

6）如果委员会无法找到一个解决方案——则取消工作项目。

如果在 6 个月结束时，没有采取上述任何一项措施，则 ISO 中央秘书处自动取消该项目，取消的项目只有经过 ISO 技术管理局（TMB）批准才能恢复。

3. 项目管理和项目负责人

对于每个项目的制定，技术委员会或分委员会应在考虑新工作项目提案人提名的基础上指定项目负责人（工作组召集人、指派的专家，或如果认为适当，秘书）。应确定项目负责人能够获得开展制定工作的事宜资源。项目负责人应从纯粹的国际立场出发，放弃其国家的观点。当对提案阶段到出版阶段产生的技术问题提出要求时，项目负责人应做好充当顾问角色的准备。

4. 保存工作记录

关于保存委员会工作以及国际标准和其他 ISO 出版物出版背景的记录方面的职责已在委员会秘书处和 ISO 中央秘书处之间明确分工。保持这些记录非常重要，特别是考虑到秘书处从一个成员转到另一个成员的情况。保存做出关键决定的信息以及制定国际标准和其他 ISO 出版物方面的意见，也是非常重要的，特别是当就出版物的技术内容出现争议时。

委员会秘书处应建立和维护关于委员会所有官方事务的记录，特别是通过的会议决议和会议记录。工作文件、投票结果等也应至少保存到相应出版物已被修订或下次系统复审完成之后。但无论是什么情况，上述记录至少保存相应国际标准和其他 ISO 出版物出版 5 年以后。

ISO 中央秘书处应保存所有国际标准和其他 ISO 出版物（包括撤销的版本）的基础文字，并且应保存成员体对这些出版物投票的最新记录。国际标准草案（DIS）和最终国际标准草案（包括有关的表决报告）及最后校样至少应保存到该出版物被修订或已完成该出版物的系统复审，并应至少保存至出版后 5 年。

4.2.3 准备阶段

4.2.3.1 主要任务

依据《ISO/IEC 导则：第 2 部分》要求准备工作草案（WD）。

4.2.3.2 工作程序

1. 确定参加人员

项目负责人应与提案阶段 P 成员指派的专家一起工作。

2. 成立工作组

（1）秘书处可在会上或以邮件方式向技术委员会或分委员会提出成立工作组的建议，工作组的召集人通常由项目负责人担任；

（2）技术委员会或分委员会负责建立工作组，并负责规定工作组的任务以及工作组向其提交草案的期限；

（3）工作组的召集人应确保所开展的工作仍在投票时所确定的工作项目的范围内；

（4）积极参与项目的 P 成员、其他 P 成员、A 类联络组织或 C 类联络组织均可指派专家参加工作。

3. 项目制定

项目负责人应负责项目的制定工作。如果新成立了工作组，通常由项目负责人负责召集和主持工作组的所有会议，项目负责人可邀请工作组的其中一位成员担任秘书。

4. 准备阶段结束

工作草案作为第一委员会草案（CD）分发给技术委员会或分委员会成员并由 CEO 办公室负责时，准备阶段即告结束。

4.2.3.3 相关要求

（1）为避免项目在后期拖延，应准备英、法两种版本（法语版本由中央秘书处准备）。

（2）严格遵守本阶段的时间限制。

4.2.3.4 注意要点

（1）熟悉《ISO/IEC 导则：第 2 部分》的编写规则，并学习使用标准编制工具。

（2）可选用工作组中英文熟练的专家负责具体的文字工作，确保句式结构、用词等准确。

（3）编制过程中，可通过视频会议、国际技术研讨会、邮件等方式积极与国外专家进行沟通交流。

4.2.4 委员会阶段

4.2.4.1 主要任务

委员会阶段是考虑国家成员体意见的主要阶段，旨在就技术内容达成一致。因此，国家成员体应认真研究委员会草案文本，并在本阶段提交所有相关意见。

4.2.4.2 工作程序

1. 项目草案分发

草案完成后，应立即分发给技术委员会或分委员会的 P 成员及 O 成员进行研究，并明确注明提交答复的最迟日期（各国家成员体的答复期可为 8 周、12 周或 16 周，默认答复期为 8 周）。各国家成员体应根据给定的说明提交答复意见，以便进行汇总。

2. 项目意见的汇总处理

答复日期截止后的 4 周内，秘书处应对意见进行汇总，并将其分发给技术委员会或分委员会的所有 P 成员及 O 成员。在汇总过程中，秘书处应与技术委员会或分委员会主席以及项目负责人（必要时）进行协商，提出项目初步处理意见：

（1）在下次会议上讨论委员会草案及汇总意见；

（2）分发修改后的委员会草案和意见汇总报告以供讨论；

（3）草案进入下一阶段。

3. 协商一致

委员会阶段应在协商一致的基础上，才能做出分发征询意见阶段草案的决定。委员会必须对收到的所有意见做出答复：

（1）如果在分发之日起的 8 周内，有 2 个或 2 个以上 P 成员不同意秘书处分发的上述（2）或（3）项建议，则应在会议上对委员会草案进行讨论。

（2）如果经过会议研究未对委员会草案达成一致意见，应综合会议上的各项决定形成新的委员会草案，并在 12 周内分发给 P 成员进行研究。经技术委员会或分委员会同意，国家成员体对该草案及后续版本的研究时限为 8 周、12 周或 16 周。

（3）除非技术委员会或分委员会 P 成员达成一致，或决定撤销或推迟该项目，否则应一直对后续草案进行研究。

4. 委员会草案接受条件

若对达成的相关共识存在疑问，只要技术委员会或分委员会的 P 成员 2/3 多数投票通过，便可视为委员会草案被接受，可作为询问草案予以登记，但应尽全力解决反对票问题。计票时，弃权票和非技术原因反对票不包括在内。

负责委员会草案的技术委员会或分委员会秘书处应确保询问草案充分体现会议中或邮件中所做的决定。

5. 委员会阶段完成

技术委员会或分委员会达成共识后，其秘书处应在 16 周内将草案的最终版本以电子文档形式提交给 CEO 办公室及技术委员会秘书处。

秘书处应向 ISO 中央秘书处提交国际标准草案（DIS）电子版、完整的编制报告和对委员会最终草案的意见汇总和处理。

解决所有技术问题后，委员会草案作为征询意见阶段草案予以分发，并经 CEO 办公室登记后，委员会阶段即告结束。

4.2.4.3　相关要求

（1）技术委员会或分委员会主席负责与各自委员会的秘书进行协调，必要时也可与项目负责人进行协商，以判断该草案是否得到足够的支持。

（2）"协商一致"意思是总体同意，不一定指一致同意。其特点在于，利益相关方的任何重要一方对重大问题不坚持反对立场，并且过程中试图考虑所有相关方的意见，并协调任何矛盾观点。

（3）"坚持反对"的意思是在委员会、工作组（WG）或其他小组（如任务组、咨询组等）的会议上提出的与委员会的一致意见不相符的观点，并且这些观点得到了一部分重要的利益相关方的维护。

（4）有"坚持反对"意见时的处理方法

首先，领导层应评估该反对意见是否属于"坚持反对意见"，即一部分重要利益相关方是否一直对其持反对意见。如果情况并非如此，则领导层会将该反对意见在会议纪要或记录中记录下来，并继续主持文件编写工作。

若领导层确定其为"坚持反对意见"，则需要认真对待并尝试解决。但是，坚持反对与否决权不同。有责任解决"坚持反对意见"并不意味着要圆满解决"坚持反对意见"。

衡量是否已达成共识的责任完全由领导层承担，包括判断是否有人持坚持反对意见或是否可在不影响对该文件剩余部分达成共识水平的前提下解决一些坚持反对意见。在这种情况下，领导层会记录下反对意见，并继续开展其工作。

持坚持反对意见的各方可按照规定的上诉机制行使上诉权。

4.2.4.4　注意要点

如果不能在给定时限内完全解决技术问题，在同意该文件作为国际标准出版之前，技术委员会和分委员会可考虑以技术规范形式将其作为一种中间可交付文件予以发布。

4.2.5　征询意见阶段

4.2.5.1　主要任务

CEO办公室将询问草案（DIS）分发给所有国家成员体进行为期12周的投票。

4.2.5.2　工作程序

（1）CEO办公室将询问草案分发给所有国家成员体，并将接收投票的截止日期告知国家成员体。

（2）委员会应对收到的所有反馈意见进行回复。

（3）如果满足下列投票条件，则询问草案通过：

1）技术委员会或分委员会P成员中有2/3多数投赞成票；

2）反对票不超过投票总数的1/4。

（4）收到投票结果及意见后，技术委员会或分委员会主席应协同其秘书处及项目负责人，并与首席执行官（CEO）办公室协商，采取下列行动之一：

1）如果满足项目批准条件且无须再做任何技术性修改，则可直接进入出版阶段；

2）如果满足项目批准条件但仍需进行一些技术性修改，则先对该询问草案进行登记，修改后再将其作为国际标准的最终草案；

3) 如果不满足项目批准条件，则分发修改版的询问草案并对其进行投票，或分发修改版委员会草案进行讨论；或在下次会议上讨论询问草案及其反馈意见。

（5）投票期结束时，首席执行官应在4周内将投票结果及收到的意见发送给技术委员会或分委员会主席和秘书处，以便其迅速采取下一步措施。

（6）投票期结束后12周内，技术委员会或分委员会秘书处应编制一份完整报告，并由CEO办公室分发给各国家成员体。报告应具有下列内容：

1) 说明投票结果；

2) 陈述技术委员会或分委员会主席的决定；

3) 完整再现收到的反馈意见；

4) 陈述技术委员会或分委员会秘书处对收到的每条反馈意见的看法。

若自报告分发之日起8周内，有2个或2个以上P成员表示不赞成主席所做决定，则应在会议上讨论该草案。

委员会应对收到的所有反馈意见进行回复。

（7）若主席决定进入草案批准阶段或出版阶段，则技术委员会或分委员会秘书处应在投票期结束后16周内，会同编辑委员会编制草案最终版本并将其发送给CEO办公室，以便其编制和分发国际标准最终草案。

（8）当CEO办公室注册询问草案文本、作为最终国际标准草案分发或作为国际标准出版时，征询意见阶段即告结束。

4.2.5.3 相关要求

（1）国家成员体提交的投票应是明确的：赞成、反对或弃权，要求如下：

1) 赞成票可以附有编辑性或技术性意见，秘书处应与技术委员会或分委员会主席及项目负责人协商决定解决办法。

2) 如果某国家成员体不能接受该询问草案，应投反对票并陈述技术理由。该国家成员体可以注明：若接受某一技术方面的修改，则将反对票改为赞成票，但不得投以接受修改意见为条件的赞成票。

3) 若某一国家成员体投了反对票但未说明理由，则该反对票无效。

4) 若某一国家成员体投了反对票但提交的意见技术性不明显，则委员会秘书处应在投票结束后两周内联系ISO中央秘书处。

（2）主席决定进入草案批准阶段或出版阶段后，秘书处应向CEO办公室提交可修改的电子版且应允许对修改版进行验证。修改后的文本，连同主席根据投票结果所作决定以及对每个收到的意见所做的决定的详细解释，应以电子版形式提交给ISO中央秘书处。

4.2.5.4 注意要点

（1）应尽全力解决反对票问题；

（2）计票时，弃权票及未附有技术理由的反对票不包括在内；

（3）注意本阶段相关的时限要求。

4.2.6 批准阶段

4.2.6.1 主要任务

批准阶段，CEO办公室应在12周内将最终国际标准草案（FDIS）分发给所有国家成员体进行为期 8 周的投票。

CEO办公室应将其接受投票的截止日期告知国家成员体。

4.2.6.2 工作程序

（1）CEO办公室在 12 周内将最终国际标准草案（FDIS）分发给所有国家成员体，并将其接受投票的截止日期告知国家成员体。

（2）国家成员体开展为期 8 周的投票，提交的投票应明确：赞成、反对或弃权，要求如下：

1）国家成员体可针对任何 FDIS 投票提交反馈意见；

2）如果某国家成员体不能接受该最终国际标准草案，应投反对票并陈述技术理由，但不得投以接受修改意见为条件的赞成票；

3）若某一国家成员体投了反对票，但未说明理由，则该反对票无效；

4）若某一国家成员体投了反对票，但提交的意见技术性不明显，则委员会秘书处应在投票结束后两周内联系 ISO 中央秘书处。

（3）如果满足下列要求，最终国际标准草案则投票获得通过：

1）技术委员会或分委员会的 P 成员中有 2/3 多数投赞成票；

2）反对票不超过总数 1/4。

注：计票时，弃权票和未附有技术理由的反对票不包括在内。

（4）如果最终国际标准草案投票通过，则该草案进入出版阶段。

4.2.6.3 相关要求

（1）投票期结束前，技术委员会或分委员会秘书处有责任将草案编制过程中发现的错误报告给 CEO办公室。本阶段，不再接受进一步的编辑性或技术性修改。

（2）收到的所有反馈意见都将予以保留，供下次审核，同时，也会将其记录到投票表中并注明"供进一步研究"。但秘书处和 CEO办公室会设法更正明显的编辑性错误。不允许对已通过的 FDIS 进行技术性修改。

（3）CEO办公室在投票期结束后两周内，向所有国家成员体分发报告，在报告中公布投票结果并指明国家成员体可正式批准将其发布为国际标准，或者正式否决该最终国际标准草案。

（4）如果最终国际标准草案未获通过，则应将此文件退回相关技术委员会或分委员会，委员会根据反对成员提交的技术性理由，可做出如下决定：

1）以委员会草案、询问草案或最终国际标准草案形式再次提交修改后的草案；

2）出版技术规范；

3）出版可公开获取的规范；

4）取消该项目。

4.2.7 出版阶段

4.2.7.1 主要任务

对编制完成的国际标准进行出版。

4.2.7.2 工作程序

CEO应在 6 周内校正技术委员会和分委员会秘书处指出的所有错误，并且印刷和分发国际标准。

4.2.8 复审

4.2.8.1 主要任务

ISO 或其与 IEC 联合制定的标准和其他出版物均应进行系统复审，复审结论为继续有效、修改/修订、转换成另一种出版物或者撤销。

4.2.8.2 工作程序

（1）系统复审时间见表 4-2。

国际标准复审时间 表 4-2

出版物	最长系统复审间隔	可被确认的最多次数	最长寿命
国际标准	5 年	无限制	无限制
技术规范	3 年	1 次（推荐）	6 年（推荐）
可公开获取的规范	3 年	1 次	6 年（如到期没有转换则提议撤销）
技术报告	无规定	无规定	无限制

（2）当有以下条件时，则可进行系统复审：

1）对于所有可交付文件，其出版或上次确认已超过规定期限时，由委员会秘书处提议；

2）对于国际标准和技术规范，如果委员会秘书处没有对相关国际标准或技术规范进行系统复审，ISO 中央秘书处将默认开展复审；

3）对于所有可交付文件，有 1 个或多个国家成员体要求复审时开展复审；

4）对于所有可交付文件，当首席执行官（CEO）要求复审时开展复审。

（3）复审参加成员

所有 ISO 成员体都会受邀参与复审。委员会的 P 成员有义务在委员会职责范围内参与系统复审投票。最终结果由相关标委会的 P 成员负责。

（4）国际标准投票结果的说明

投票结果包括：继续有效、修改或修订、撤销。

1）继续有效（无技术性修改的保留）。

2）修改或修订（修改后保留）。如果通过，则注册为一个新批准的工作项目。

3）撤销。由 ISO 首席执行官将技术委员会或分委员会的决定通知各国家成员体，并要求国家成员体在 8 周内向中央秘书处提交是否反对的决定。

（5）技术规范和可公开获取的规范投票结果的说明

对技术规范和可公开获取的规范进行系统复审时，复审结果包括将其转化为国际标准。

（6）已撤销标准的恢复

如果一项国际标准被撤销之后，委员会认为其仍满足需求，则可提出恢复标准。该标准应由委员会提出，经成员体投票，发布为国际标准草案或最终国际标准草案。成员体投票应达到常用的批准通过要求。如果批准通过，该标准应以新的出版日期作为新版本出版。前言应说明该标准为原标准的修订版本。

（7）投票结束后，秘书处整理投票结果并将复审结果分发给技术委员会或分委员会的成员。在投票结束的 6 个月之内，委员会应做出对标准进行继续有效、修订或撤销的最终决议，然后将委员会决议提交至 ISO 中央秘书处。

4.2.8.3 相关要求

（1）进行系统复审的时间一般取决于文件出版的年份或上次复审的年份（文件已经被确认的情况下），但复审并不一定要等到复审周期已到期时再开始，必要时随时开展复审。

（2）国际标准投票结果的说明

1）继续有效。当一个文件被确认应当继续使用，且不需要做技术性修改时，此文件则应被确认为继续有效。判定继续有效的条件为：一个标准已至少被 5 个国家等同或修改采用或直接使用，或者委员会绝大多数 P 成员投票提案予以确认。

2）修改或修订。当证实一个文件应继续使用，但需要做技术性修改时，可提议对此出版物进行修改或修订。判定修改或修订的条件是：一个标准已至少被 5 个国家等同或修改采用或直接使用，或者委员会绝大多数 P 成员投票表决认为需要对此标准进行修改或修订。

对于修改或修订的标准，对参加的 P 成员并没有最低数量要求。

如果经委员会批准的修改或修订项目不能立刻开展，建议先将项目登记为预备工作项目，并将该标准登记为继续有效。

3）撤销。当一个标准没有被至少 5 个国家等同或修改采用或直接使用时，则应撤销该标准。

4.3 国际标准编写

4.3.1 编写要求

4.3.1.1 一般要求

为了保证标准条款内容清晰从而更好地推动国际贸易和交流，标准文件应该具有以下几个方面的要求：

（1）在其范围所规定的界限内按需要力求完整；

（2）标准用文件应清楚、准确、相互协调；

（3）充分考虑最新技术水平；

（4）充分反映当前市场现状；

（5）为未来技术发展提供框架；

（6）能被未参加标准编制的专业人员所理解。

4.3.1.2 标准用语

在 ISO 国际标准（IS）和其他规范性技术文件（技术规范（TS），公开可用规范（PAS），国际研讨会协议（IWA））中，为了方便用户知道哪些条款属于必须满足的要求，哪些条款属于推荐，应合理选择助动词从而准确表示：

（1）"shall"或"shall not"应或不应表示要准确地符合标准而应严格遵守的要求；

（2）"should"或"should not"宜或不宜表示在几种可能性中推荐特别适合的一种，不提及也不排除其他可能性，或表示某个行动步骤是首选的但未必是所要求的，或（以否定形式）表示不赞成但也不禁止某种可能性或行动步骤；

（3）"may"或"may not"可或不必表示在标准的界限内所允许的行动步骤；

（4）"can"或"can not"能或不能用于陈述由材料的、生理的或某种原因导致的可能和能够。

4.3.1.3 语言

标准的编制应充分考虑用户需求。使用平实的语言是保证标准的主要技术内容能够被有效理解的重要方法。确保标准的简洁明了，有效避免误解和翻译过程中的时间和成本投入。

因为简洁明了的语言更容易被人理解，可以大大减少草案起草过程中的讨论工作。同时我们应该注意，采用简洁明了的语言并不是通过减少标准内容、改变其含义或过度简化标准文本来实现的，而是：

（1）清楚地了解主要技术内容——作者可以大声朗读文档；

（2）让自己与读者换位思考；

（3）尽量使用短句；

（4）每句话只表达一个含义；

（5）尽量去掉不必要的词组；

（6）尽量使用列项的表达方式；

（7）尽量使用主动语态；

（8）简洁，使用简单的词组，避免将动词转化为名词来使用；

（9）合理标注标点；

（10）多使用句号，减少使用逗号和括号；

（11）用肯定的方式表达自己的观点；

（12）尽量使用日常用语，减少误解；

（13）在标准"范围"部分，使用简洁明了的语言尤为重要。

4.3.1.4 层次划分

1. 章和条

章节构成了ISO技术文件的主要内容。章和条是文件内容分层次的基本组成部分。通过章节划分可以让读者更好地理解如何执行这个标准。因此对章节进行编号是为了帮助读者能够引用技术文件关键部分内容。

2. 标题

每章应有标题。

每个第一级条款（例如，5.1、5.2）宜先有一个标题。在某一章或条中，其下同一层次的条款，标题的使用应统一，例如，如果5.1有标题，那么5.2也应有标题。

3. 编号

每个文件或部分中的章编号应采用阿拉伯数字，从"1"开始编号。"章"的编号应连续编至附录，但不包括任何附录。

4. 层次划分

"条"是"章"的有编号的细分。章可细分为条，一直可分至第五层次（例如5.1.1.1.1.1、5.1.1.1.1.2）。为了便于读者理解，建议在章节划分过程中避免标题编号层级过多。

层次划分的细分编号如图 4-2：

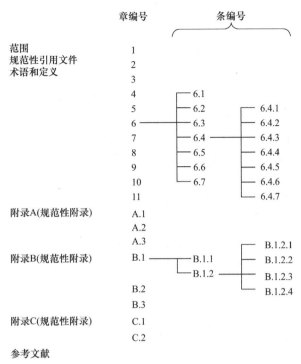

图 4-2   层次划分的编号示例

5. 悬置段

因不能明确对"悬置段"的引用，应避免使用以免产生混淆。

6. 列项

列项用于细分信息以帮助理解。列项没有标题，然而它的前面可有一个标题性的或介绍性的短语。列项可有编号也可无编号。列项可以被细分。具体详见以下示例。

示例 1

基本技术参数应符合下列规定：

a）全长应为 23600mm；

b）电源应符合下列规定：

1）驱动电源应为……；

2）控制电源应为……；

3）电源频率应为……；

c）转撤时间不应超过 15s。

示例 2

铭牌上应至少标出下列内容：

——产品型号；

——产品名称；

——主要参数；

——出厂编号及批号。

4.3.2 文件要素

4.3.2.1 文件名称

文件名称是对所制定文件的主题的清晰、简明的描述。它的起草是为了主体内容与其他文件区分开来，不涉及不必要的细节。任何必要的附加细节在范围中给出。

文件名称有几个尽可能短的元素组成，其排列顺序有一般到具体，主要包括：

（1）引导元素（可选）：表示标准所属的领域；

（2）主体元素（必备）：表明在领域范围内所涉及的主题；

（3）补充元素（可选）：标明主题的某一具体方面；或给出区别于其他文件或同一文件的其他部分的细节。

所使用的要素不应超过上述三项。其中应包含主体元素。

示例
Cereals and pulses-Specification and test methods-Part 1：Rice （引导要素）　　　　　　（主体要素）　　　　　　（补充要素）

4.3.2.2 前言

前言是必备要素。ISO 技术文件的前言主要是由 ISO 中央秘书处在编制和出版过程中编写。前言不应有章编号，且不应分条。

对于修订标准，则需要明确列出相较于上版标准的主要修订内容。前言内容主要包括：

（1）出版技术文件的组织；

（2）编制该技术文件的技术委员会；

（3）文件编制遵循的程序和原则；

（4）投票过程；

（5）法律免责声明；

（6）该文件与其他文件的关系。

4.3.2.3 引言

引言为可选要素。如果需要，可在引言中给出编制该标准的原因，以及有关标准技术内容的特殊信息或说明。引言不应包含要求。

示例
Introduction This document was developed in response to worldwide demand for minimum specifications for rice traded internationally，since most commercial bulks of grain，which have not been screened or aspirated，contain a proportion of other grains，weed seeds，chaff，straw，stones，sand，etc.
引言 本文件是为了应对当前国际贸易中对于大米限值的巨大需求而编制。由于当前大宗谷物交易中，谷物没有被过滤或者吸气除杂，从而导致在其中存在着一定比例其他谷物、草种、谷壳、稻草、石子、沙子等杂物。

引言不应有章编号。如果需要设立有编号的条，编号为 0.1、0.2 等。任何图、表、公示或者脚注都应从"1"开始编号。

4.3.2.4　范围

范围为必备要素。它应置于每项标准正文的起始位置。范围应明确界定标准的对象和所涉及的各个方面，由此指明标准或其特定部分的适用界限。必要时，可指出标准不适用的界限。

范围应编号为第 1 章。范围可设条，但通常来说是不必要的。范围的文字应简洁，以便能作内容提要使用。

标准范围可以使用以下表述：

"This document is applicable to …""This document does not apply to …""This document specifies……""This document establishes……""This document gives guidelines for……""This document defines terms……"。

标准范围应该只是陈述一系列的事实，不应包含要求、推荐或者允许的规定内容。

示例

1 Scope

This document specifies minimum requirements and test methods for rice（Oryza sativa L.）. It is applicable to husked rice，husked parboiled rice，milled rice and milled parboiled rice，suitable for human consumption，directly or after reconditioning. It is not applicable to cooked rice products.

1 范围

　　本文件规定了大米的最低要求和测试方法。它适用于糙米、速煮糙米、整精米和整精速煮米等直接或者处理后适宜人们使用。但不适用于烹饪后的大米制品。

4.3.2.5　规范性引用文件

规范性引用文件为必备要素，即使在该技术文件中没有规范性引用文件。它应列出标准中规范性引用的文件清单，这些文件应该在正文中被部分或者全部引用（如"Sampling shall be carried out in accordance with ISO 24333：2009，Clause 5"）。

规范性引用文件应编号为第 2 章。不应设立条。规范性引用文件一章所列出的引用文件不用编序号。

规范性引用文件一般应为 ISO 或 IEC 标准，但是在特殊条件下也可引用其他组织的文件，但应符合以下要求：

（1）被引用文件应该被技术委员会认可为具有广泛接受和权威性；

（2）技术委员会与文件的作者或发布机构签订协议，从而可以在技术文件中进行引用；

（3）作者或者发布机构同意当该规范性引用文件进行修订时，应及时通知该技术委员会，并告知该修订的影响；

（4）该技术文件可以通过公平、合理的市场方式获得；

（5）所有 ISO 或 IEC 技术文件中引用标准条款所涉及的专利应可以根据 ISO/IEC 导则 1 的规定进行授权。

对于引用该文件某一特定章、节、条、款、图或表的内容时，应明确标注该引用文件的日期，应给出年号以及完整的标准名称。规范性引用文件必须为已经发布的技术文件。

规范性引用文件清单应由以下引导语引出：

示例

2 Normative references

The following documents are referred to in the text in such a way that some or all of their content constitutes requirements of this document. For dated references，only the edition cited applies. For undated references，the latest edition of the referenced document (including any amendments) applies.

ISO 712，Cereals and cereal products-Determination of moisture content-Reference method

ISO 24333：2009，Cereals and cereal products-Sampling

2 规范性引用文件

文本中引用的下列文件，其部分或全部内容构成本文件的要求。凡是注日期的引用文件，仅注日期的版本适用于本文件。凡是不注日期的引用文件，其最新版本（包括所有的修改单）适用于本文件。

如果没有引用文件，在章标题下方使用以下语句：

本文件中无规范性引用文件。

4.3.2.6　术语和定义

术语和定义为必备要素，它给出为理解标准中某些术语所必需的定义。只有在正文中使用的术语才能在该部分中进行定义。如果有必要，术语条目可以由条目注的信息（包括要求）来补充。

术语和定义条款应编号为第 3 章。章下可以再分条。术语条目应进行编号。所有语言版本中的编号和结构应一致。

该章内容的引导语可分为以下几种情况：

（1）如果所有的术语和定义均在第 3 章作出明确规定，则使用如下引导语：

示例

　　For the purposes of this document，the following terms and definitions apply.

ISO and IEC maintain terminological databases for use in standardization at the following addresses：

- ISO Online browsing platform：available at https：//www. iso. org/obp
- IEC Electropedia：available at http：//www. electropedia. org/

在以下网络地址的 ISO 和 IEC 运行的术语数据库可以被用作标准化工作。

- ISO 在线检索平台：https：//www. iso. org/obp
- IEC 电子全书：http：//www. electropedia. org/

（2）如果只需通过引用其他外部文件，在本标准中不需要另外定义新的术语，则使用如下引导语：

示例

　　For the purposes of this document，the terms and definitions given in〔external document reference xxx〕apply.

　　ISO and IEC maintain terminological databases for use in standardization at the following addresses：

- ISO Online browsing platform：available at https：//www. iso. org/obp
- IEC Electropedia：available at http：//www. electropedia. org/

为了使用需要，【外部文件参考XXX】给出的术语和定义适用于本文件。

在以下网络地址的 ISO 和 IEC 运行的术语数据库可以被用作标准化工作。

- ISO 在线检索平台：https：//www. iso. org/obp
- IEC 电子全书：http：//www. electropedia. org/

　　（3）如果在引用其他外部技术文件的术语和定义的同时，该标准定义了新的术语，则使用如下引导语：

示例

　　For the purposes of this document，the terms and definitions given in〔external document reference xxx〕and the following apply.

　　ISO and IEC maintain terminological databases for use in standardization at the following addresses：

- ISO Online browsing platform：available at https：//www. iso. org/obp
- IEC Electropedia：available at http：//www. electropedia. org/

为了使用需要，【外部文件参考XXX】和以下给出的术语和定义适用于本文件。

在以下网络地址的 ISO 和 IEC 运行的术语数据库可以被用作标准化工作。

- ISO 在线检索平台：https：//www. iso. org/obp
- IEC 电子全书：http：//www. electropedia. org/

　　（4）如果标准中没有术语需要定义时，则使用如下引导语：

示例

　　No terms and definitions are listed in this document.

　　ISO and IEC maintain terminological databases for use in standardization at the following addresses：

- ISO Online browsing platform：available at https：//www. iso. org/obp
- IEC Electropedia：available at http：//www. electropedia. org/

本文件没有给出术语和定义。

在以下网络地址的 ISO 和 IEC 运行的术语数据库可以被用作标准化工作。

- ISO 在线检索平台：https：//www. iso. org/obp
- IEC 电子全书：http：//www. electropedia. org/

　　现有 ISO 技术文件中的术语和定义可以通过 ISO 在线检索平台（www. iso. org/obp）来查询。可以通过技术委员会或标准的形式来检索术语。

定义应该能够在文件中替换它所对应的术语。定义不应以冠词"a"或"the"等开头，也不应以句号结束。定义中不应包括任何形式的要求、建议等内容。

一个术语条目只允许有一个定义。如果一个术语用于定义多个概念，则应为每个概念创建单独的术语条目，且应在定义之前采用括号标明其应用领域。其他信息则可以通过注释来进行补充。

示例

3.2

special language

language for special purposes

LSP

language used in a domain（3.1.2）and characterized by the use of specific linguistic means of expression

　　Note 1 to entry：The specific linguistic means of expression always include domain- or subject-specific terms and other kinds of designations as well as phraseology and also may cover stylistic or syntactic features.

3.2

特殊语言

为了某种特殊目的而使用的语言

LSP

在某一特定领域（3.1.2）使用的语言，并以某种特定语言表达方法为特征。

4.3.2.7　符号和缩略语

符号和缩略语一章或条给出了文件中使用的符号和缩略语清单及其定义。

符号不必编号。为了方便可将符号和缩略语与术语和定义合并为一章，以便将术语及其定义、符号和缩略语统一列出，使术语、定义、符号和缩略语归在一个适宜的综合标题下，例如，"术语、定义、符号和缩略语"。

符号应仅列出正文中使用的符号。为反映技术准则需要可按特定顺序列举符号以外，所有符号宜按照下列次序以字母顺序排列：

●大写拉丁字母置于小写拉丁字母之前（A，a，B，b 等）；

●不带脚标的字母置于带脚标的字母之前，带字母脚标的字母置于带数字脚标的字母之前（A，a，B，b，C，C_m，C_2，d_{ext}，d_{int}，d_1 等）；

●希腊字母置于拉丁字母之后（Z，z，A，α，B，β，…，Λ，λ 等）；

●任何其他特殊符号。

4.3.2.8　注

注用于给出帮助理解和使用该文件所需要的附加信息。该文件可在没有注的情况下使用。

在同一章或条中，注应连续编号。注在每一新的层次中重复开始编号。一个层次中只有一个注，则不需要编号。

注不需要在正文中具体提及。如果提及注，应使用以下示例形式（表4-1）：

●说明见5.1，注1；

●见3.5，注2。

注的示例

表 4-1

	要素	编号	标识	是否允许包含条款
术语中	条目注# 术语条目不允许使用脚注	需编号	条目注1、 条目注2等	可包含与使用该术语有关的条款〔动词形式为应（shall）、宜（should）、可（may）〕
正文中	注 脚注	一条以上时需编号；每新的一章或条中的注重新编号 文件全文中按序编号	注1、注2等 通常使用阿拉伯数字	不包含要求〔动词形式为应（shall）〕或为使用该文件所不可缺少的任何消息，推荐〔动词形式为宜（should）〕或允许〔动词形式为可（may）〕 不包含要求〔动词形式为应（shall）〕或为使用该文件所不可缺少的任何消息，推荐〔动词形式为宜（should）〕或允许〔动词形式为可（may）〕
图	图注 图的脚注	一个以上时需编号；编号区别于正文的注；每一新图中的图注重新编号 一个以上时需编号；编号区别于正文的注；每一新图中的图注重新编号	注1、注2等 通常为上标小写字母，以a开头	不包含要求〔动词形式为应（shall）〕或为使用该文件所不可缺少的任何消息，推荐〔动词形式为宜（should）〕或允许〔动词形式为可（may）〕 可包含要求
表格	表注 表的脚注	一个以上时需编号；编号区别于正文的注；新的表中的注应重新编号 一个以上时需编号；编号区别于正文的注；新的表中的注应重新编号	注1、注2等 通常为上标小写字母，以a开头	不包含要求〔动词形式为应（shall）〕或为使用该文件所不可缺少的任何消息，推荐〔动词形式为宜（should）〕或允许〔动词形式为可（may）〕 可包含要求

4.3.2.9　示例

示例用以说明文中的概念。没有示例时，文件仍应可以使用。

示例不需要标题，但如有必要，示例可被分成章或条，并以示例（Example 或 Example）为标题。

在同一章或者条中，示例应连续编号。每一新的层次中，示例应重新编号。章或条中只有一个示例，则不需编号。

示例不需要在正文中具体提及。使用时如下列表述方式：

●见5.1.1，示例2；

●第5章，示例3中所列……

4.3.2.10 图

当图是以易于理解的方式表述信息的最有效手段时，使用图形化表达方式。图的标题应简洁。

图应以"图"字标识并用阿拉伯数字从 1 开始编号。单个图也应标识"图 1"。图的编号不受任何条款和表格编号的限制。

在附录中，图应重新编号，编号前冠以附录的字母开头，例如，图 A.1。

当一个图延续几个页面，按以下示例重复写出图的标识，后接图的标题（也可不接标题）和编号（♯ -1），其中♯是该图延续的总页数

示例

图 *x*（♯ -1）

由于分图会使文件的排版和管理变得复杂，通常来讲，宜尽量避免使用分图。一个图纸允许细分一级。应以小写字母标识分图，例如，图 1 可包含分图 a）、b）、c）……

分图部允许有单独的关键词、注和脚注。

示例

关于单位说明（Statement concerning units）

图或插图（Drawing or illustration）

a）图名（Subtitle）

图或插图（Drawing or illustration）

b）图名（Subtitle）

关键词
图的解释段落（包含要求）和图注
图的脚注

图 *x*/Figure *x*—图名（Title）

4.3.2.11 表

当表是以易于理解的方式表述信息的最有效手段时，使用表。建议给出简明的表标题。

表应以"表"子为标识，并用阿拉伯数字从 1 开始编号。单个表应编为"表 1"。表的编号不受条款和任何图的编号限制。

进一步细分［如表 1a）］、表内套表以及将表细分出副表都是不允许的。

通常应编制多个表，而不是尝试将过多的信息合并到一个表。表达形式越简单越好。

在附录中，表重新开始编号，编号前冠以附录的字母（导入表 A.1）。

当一个表延续几个页面时，标出表的连续性有助于理解使用。

示例 1

表 *x*（续）

示例 2

表 *x*（♯-1）

应在第 1 页之后的所有页面重复写出每栏表头和单位标注。

表注应置于相关表的边框内，并位于表的脚注前。一个表中仅有一条注时，应在注文第 1 行的开头标明"注"字。当同一个表中有多条注时，则应以"注 1""注 2""注 3"等表示。每个表的表注都应从 1 开始编号。

表注不包含要求或文件使用所必需的任何信息。关于表内的所有要求应在正文、表的脚注或表内段落中说明。表注则不需要被提及。

示例 1

表中可以出现的不同元素的布局

单位为米

型号	长度	内径	外径
	l_1^a	d_1	
	l_2	d_2^{bc}	

含要求的段落。

注 1：表注。

注 2：表注。

[a] 表脚注。

[b] 表脚注。

[c] 表脚注。

示例 2

当有几个不同的单位时

型号	长度 kg/m	内径 mm	外径 mm

在表中，有时需要使用缩写词或引用（其他内容），以节约版面或提高可读性。这些缩略语的含义应在关键词中进行解释。

	带有关键词的表示例（Example of a table with a key）			表/Table
数据对象名称（Data object name）	一般数据类（Common data class）	说明（Explanation）	T	M/O/C
LNName		The name shall be composed of the class name, the LN-Prefix and LN-Instance-ID according toIEC61850-7-2：2010，Clause22. 根据 IEC61850-7-2：2010 第 22 章，名称应由类名、LN-Prefix 和 LN-Instance-ID 组成		
数据对象（objects）				
状态信息（Status information）				
Op	ACT	所达到的水平（Level of action reached）	T	M
设置（Settings）				
StrVal	ASG	Start level set-point		C
OpDlTmms	ING	Operate delay time［ms］		O

关键词
T：瞬时的数据对象（Transient data objects）
M/O/C：数据对象是强制性（M）或选择性（O）或条件性（C）（The data object is mandatory (M) or optional (O) or conditional (C)）

4.3.2.12 数学公式

数学公式使用符号表示量之间的关系。应使用国际单位，并应紧随公式对其中的字母符号表示的变量含义进行解释。

数学公式无标题。

如果有引用的需要，文件中的数学公式可被编号。按照其在正文中出现的顺序进行编号。编号应采用带括号的阿拉伯数字，从 1 开始编号。

公式编号应连续的，并与章、表和图的编号无关。

示例

$$V = \frac{l}{t} \tag{1}$$

where（其中）
V is the speed of a point in uniform motion（均匀运动的某点的速度）；
l is the distance travelled（运动距离）；
t is the duration（运动时间）

如果对附录中的公式编号，应重新开始编号，编号前冠以附录的开头字母。

示例

$$V = \frac{l}{t} \tag{A.1}$$

4.3.2.13 图形符号

技术文件中包括图形符号时，应与 ISO/TC 145 图形符号技术委员会联系，请他们对符号进行审核，并按照"Procedures for the standardization of graphical symbols（图形符号的标准化程序）"的规定执行，详见附录 B。

可通过检索 OBP 来查找现有的图标（图 4-3）。

图 4-3　图形符号示例

4.3.2.14 附录

附录用于给出文件正文的附加信息。附录可分为规范性附录和资料性附录，并按文件条文中提及附录的先后编排顺序。

每个附录应有一个编号，每个附录应由附录（Annex）一词，后跟以"A"开头大写字母来编号，例如，附录 A。

附录编号下方应标明附录的性质，即（规范性附录）或（资料性附录），再下方是附录标题。

文件中给出附录的原因有：

（1）当信息或者表太大以致将其放在文件正文部分会影响读者注意力；

（2）特殊类型信息应单独列出（例如：软件、示例表、不同实验室比对结果、可选择的测试方法、表、清单、数据等）；

（3）提供有关文件的特殊应用信息。

示例

Annex A

（informative）

Attributes of enhanced risk management

A. 1   General

All organizations should aim at the appropriate level of performance of their risk management framework in line with the criticality of the decisions that are to be made. The list of attributes below represents a high level of performance in managing risk. To assist organizations in measuring their own performance against these criteria, some tangible indicators are given for each attribute.

附录　A

（资料性附录）

增强型危机管理的特征

A. 1　一般原则

所有组织都应该根据将要做出的决定的关键性，制定对应的风险管理绩效目标。下面的属性列表代表了风险管理的高水平。为了帮助组织根据这些标准考核他们自己的绩效，为每个属性给出了一些具体的指标。

4.3.2.15　参考文献

参考文献可以帮助读者更好地了解标准编制的背景，可以是任何类型的技术文件。

示例

In the following case，the citation is not normative but informative. The document cited shall be listed not in the Normative references clause but in the Bibliography：

Wiring of these connectors should take into account the wire and cable diameter of the cables defined in IEC 61156.

In the following case，the citation is normative and the document shall be listed in the Normative references clause：

Connectors shall conform to the electrical characteristics specified by IEC 60603-7-1.

在以下情况中，只是一种资料性而不是规范性引用。引用的文件应该被列在参考文献而不是规范性引用文件：

连接器的接线应该考虑 IEC 61156 规定的线缆直径。

在以下情况中，引用是规范性的，文件应该被列在规范性引用文件：

连接器应该符合 IEC 60603-7-1 规定电气性能。

4.3.2.16　标准编制模板

标准编制模板见附录 A. 11。

4.3.3　专利项目的引用

在例外情况下，如果有技术理由证明引用专利项目是合理的，原则上不反对制定含专利权所覆盖的专利项目（定义为专利、实用新型和其他基于发明的法定权利，包括前面所提及的出版物中所采用的专利项目）条款的国际标准，即使在这些标准的条款中没有其他符合性方法可供选择。专利项目的引用应符合下列程序：

（1）文件的提案人应提请委员会注意其已知的并考虑覆盖其建议的任何项目的专利权，参与起草文件的任何相关团体都应提请委员会注意在文件制定的阶段发现的专利权问题；

（2）如果根据技术理由接受了该提案，提出者则应要求已确定的专利权持有人发表声明，声明专利权持有者愿意在合理和非歧视的权限和条件下与全球的申请人协商其授权的国际许可证。这种协商任务要留给相关团体完成并在 ISO 和/或 IEC 外进行。专利持有者声明的记录应放入 ISO 中央秘书处或在适当时放入 IEC 中央办公室登记簿，并在相应文件的序言中提及。如果专利持有者不提供这种声明，在没有得到 ISO 理事会或 IEC 理事局授权的情况下，相关委员会不得在文件中包括专利权所覆盖的项目；

（3）在文件出版后，如果发现不能在合理和非歧视的权限和条件下获取专利权（文件中包含了本专利权覆盖的项目）许可证，则应将文件退回相关委员会进一步考虑。

ITU-T/ITU-R/ISO/IEC 的共用专利政策实施指南详见附录 C。

4.3.4 版权保护

作为参与起草 ISO 和 IEC 标准的专家，可以在 ISO 或 IEC 标准编制过程中提供技术内容。通过参与 ISO 标准编制，您可以访问标准编制过程中的所有信息包括标准及其草案等。而专家提供的技术内容包括出版物、文件、图表、软件等可能被列入 ISO 或 IEC 标准。作为专家应做到：

（1）所有 ISO 标准及其草案的版权应全部归 ISO 所有。在 IEC/IEC 标准的情况下，此类所有权应由 ISO 和 IEC 共同拥有。

（2）向 ISO 或 IEC 标准制定过程提交的收到版权保护的技术内容，其知识产权应属于原所有者。如果您提供此类内容，您有义务告知 ISO 或 IEC 其版权所有者的姓名，并协助 ISO 或 IEC 获得适当的许可，以便：

1）在标准开发过程中可以分享技术内容；

2）并在不改变或部分改变该技术内容的基础上以 ISO 或 ISO/IEC 标准进行发布；

3）根据 ISO 和 IEC 实践对这些内容进行进一步利用。如果您或您所代表的组织拥有内容的版权，那么在标准编制过程中提交以上内容意味着授权 ISO 或 IEC 获得以上权利。

有关上述权限范围的更多细节可在 connect.iso.org/x/sybgaq 上获得。

（3）作为标准化工作制定者应该遵守关于标准、标准草案和其他标准制定过程中提交的内容的版权规定。根据 ISO 的版权政策您可以在标准编制过程中分享相关标准或草案，但不能在互联网上公开免费的发布这些标准和草案。

（4）在参与标准编制过程中，ISO 或 IEC 不会向您或其他第三方提供费用。

（5）完整的版权包括但不限于在整个版权保护期内以任何现有或未来的电子或印刷格式向公众提供复制、分发、翻译、改编的专有权利。

5 ISO 网络平台的使用

本指南中 ISO 网络平台包括 ISO 官方网站和 ISO 工作平台及文件管理系统。该平台是用户查阅相关 ISO 资讯和开展国际标准化工作的服务平台。ISO 官方网站（见第 5.1 节）面向所有用户，提供专业的标准化工作及相关活动的资讯；ISO 工作平台（见第 5.2 节）和文件管理系统（见第 5.3 节）为有 ISO 工作账号的专家提供投票、会议、项目管理、文件上传等相关功能，以满足国际标准化活动的不同需求。

5.1 ISO 官方网站

5.1.1 首页介绍

ISO 国际标准化组织网站网址为：www.iso.org。ISO 国际标准化组织网站主页面功能栏包括标准（Standards）、关于 ISO（All about ISO）、标准化活动的参与（Taking Part）及商店（Store）四个部分，为想要了解 ISO 的人员以及 ISO 工作者提供信息服务（见图 5-1～图 5-5）。

图 5-1　ISO 网站界面

图 5-2　标准部分图示

图 5-3 关于 ISO 部分图示

图 5-4 标准化活动的参与部分图示

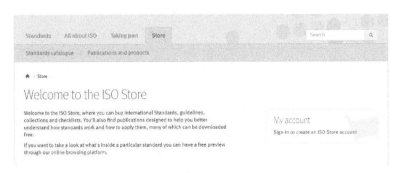

图 5-5 商店部分图示

在 ISO 首页底部可以找到网站地图（sitemap），见图 5-6。网站地图中拥有所有的网站信息链接，可帮助使用者更迅速地获得想要的信息。

图 5-6 网站地图所在位置

网站导航具体信息见表5-1。

网站导航

表 5-1

一级标题	二级标题	三级标题	备注
Standards 标准	Benefits 效益		
	Popular standards 受关注的标准		
	Certification&conformity 认证和一致性		
	ITU-R Recommendations 国际电信联盟无线电通信部门推荐		
	SDGs 可持续发展目标		
All about ISO 关于ISO	What we do 我们所做的		
	Structure 架构		
	Members 成员		
	News 新闻		
	The ISO Story ISO 历程		
	ISO in figures ISO 的相关统计		
	Annual reports 年度报告		
	Working with ISO ISO 合作		
Taking part 标准化活动 的参与	Who develops standards 标准编制	Technical Committees 技术委员会	
		Other bodies 其他成员体	
		Meeting Calendar 会议日历	
		Maintenance agencies 维护机构	
		ISO/IEC JTC 1 ISO/IEC 联合技术委员会	
	Deliverables 成果		
	Get involved 参与		

续表

一级标题	二级标题	三级标题	备注
Taking part 标准化活动的参与	Resources 资源	International harmonized stage codes 国际标准阶段代码	
		ISO Templates ISO 模板	
		Directives and Policies 指令和政策	
		Stages and resources for standards development 标准编制的阶段和资源	
		Boilerplate texts 样板文本	
		IT tools for standards development 标准编制的信息技术工具	
		ISO forms, model agendas, standard letters ISO 表格、模板、字体	
		Foreword - Supplementary information 前言-补充信息	
		ISO Member Data Protection Policy ISO 会员数据保护政策	
		Declaration for participants in ISO activities ISO 活动参与者声明	
		Drafting standards 标准起草	
		ISO Guides ISO 导航	
		Governance of technical work 技术工作管理	
		ISO Standards and Patents ISO 标准与专利	
Store 商店	Standards catalogue 标准目录		
	Terms conditions-Licence Agreement 条款条件许可协议		
	Publications and products 出版物和产品		

5.1.2　重点版块介绍

ISO 官网中最常被访问的板块是参与标准化活动部分，本节作为重点板块进行介绍。

（1）标准编制技术机构：

1）技术委员会：目前共有 249 个技术委员会和项目委员会的相关信息。

2）其他组成机构：例如焊接国际机构、照明国际委员会、消费者政策委员会等。

3）合作组织：包括世界上大部分标准组织机构。

（2）ISO 发布的文件类型：包括标准、技术规范、技术报告等及相关内容要求。

（3）了解如何介入标准编写。

（4）编写标准所需要的资源。

点击 Taking part，点击 Who develops standards，再点击 Technical committees（图 5-7）。

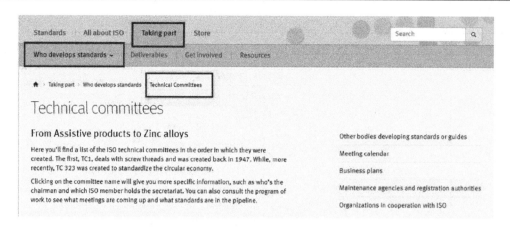

图 5-7 技术委员会（TC）界面

在这里可以找到目前 ISO 所有技术委员会及分技术委员会和下属各工作组。技术委员会及工作组是 ISO 国际标准化组织的重要组成部分，负责每年组织工作会议、发展成员专家、相关领域标准制修订等工作（图 5-8）。

Reference ↓↑	Title	ISOTC working area ↓↑	Published standards ↓↑	Standards under development ↓↑
ISO/IEC JTC 1	Information technology	☑ Working area	3175	521
ISO/TC 1	Screw threads	☑ Working area	23	0
ISO/TC 2	Fasteners	☑ Working area	193	17
ISO/TC 4	Rolling bearings	☑ Working area	78	19
ISO/TC 5	Ferrous metal pipes and metallic fittings	☑ Working area	60	5
ISO/TC 6	Paper, board and pulps	☑ Working area	184	27
ISO/TC 8	Ships and marine technology	☑ Working area	327	123
ISO/TC 10	Technical product documentation	☑ Working area	150	21
ISO/TC 11	Boilers and pressure vessels [STANDBY]	☑ Working area	2	0

List of technical committees   Filter by technical sector: All sectors (249) ⌄

图 5-8 技术委员会（TC）列表

从 Title 可以查到看出相关技术委员会（TC）大致的负责业务范围。点击具体技术委员会（TC），可以找到相关技术委员会（TC）更详细的信息。

以 ISO/TC 59 为例，点击进入 ISO/TC 59，可以找到 ISO/TC 59 相关信息，如主席、秘书处、具体的业务范围（包含和排除）等，右侧的 "working area" 可以直接进入文件管理系统。此外，很多技术委员会还有主网站，比如：TC 59 的主网站会将 ISO 有关建筑的新闻、委员会新项目情况进行介绍（图 5-8、图 5-9）。

点击图 5-8 中右侧 "主网站"，可查询该技术委员会新闻、项目等情况。

往下滑动，可以找到 ISO/TC 59 已经发布的相关领域的标准和正在编制的标准，还有全部 P 成员和 O 成员信息，此外还有 ISO/TC 59 内的分技术委员会及工作组相关信息，可以找到分委员会秘书处所在地、联系方式等（图 5-10）。

🏠 › Taking part › Who develops standards › Technical Committees › ISO/TC 59

ISO/TC 59
Buildings and civil engineering works

About

Secretariat: SN
👤 Secretary: Ms Kari Synnøve Borgos

👤 Chairperson (until end 2019): Mr Per Jæger

👤 ISO Technical Programme Manager ❓ : Dr Anna Caterina Rossi
👤 ISO Editorial Programme Manager ❓ : Mrs Yvonne Chen

Creation date: 1947

主席、秘书处
相关情况

文件管理系统

Quick links

🔗 Work programme
Drafts and new work items

🔗 Business plans
TC Business plans for public review

🔗 Working area
on ISOTC and Public Information folder

🔗 ISO Electronic applications
IT Tools that help support the standards development process

ISO/TC 59
Visit the Technical Committee's own website for more information.

主网站

Scope

Standardization in the field of buildings and civil engineering works, of:

- general terminology;
- organization of information in the processes of design, manufacture and construction;
- general geometric requirements for buildings, building elements and components including modular coordination and its basic principles, general rules for joints, tolerances and fits, performance and test standards for sealants;
- general rules for other performance requirements, including functional and user requirements related to service life, sustainability, accessibility and usability;
- general rules and guidelines for addressing the economic, environmental and social impacts and aspects related to sustainable development;
- geometric and performance requirements for components that are not in the scope of separate ISO technical committees;
- procurement processes, methods and procedures.

范围

Excluded:

- standardization and coordination of technical product documentation (ISO/TC 10);
- acoustic requirements (ISO / TC 43);
- bases for design of concrete structures (ISO/TC 71/SC 4);
- fire tests and fire safety engineering related to building materials, components and

ISO/TC 59
Buildings and civil engineering works

About | News | Projects ⌄ | Contact

Since the 1950s, the world's population has more than doubled. Around half the population live in urban areas, increasing the need for construction and infrastructure. The construction industry is constantly being challenged with demands of higher effectiveness and better profitability, and new demands emerge as the globalisation and international trade expand. The standards developed under ISO/TC 59 address these demands and benefit the entire industry. They also provide frameworks that other construction-related committees can build on in their work.

Created in 1947, ISO/TC 59 has so far developed 116 International Standards. Topics range from terminology, organization of information technology in building and civil engineering processes, geometric requirements for buildings, to building elements and components including modular coordination, general rules for joints, tolerances and fits, and performance requirements. The committee's standards also address vital and topical issues such as sustainability, accessibility and service life.

Related ISO pages

Our page on iso.org

Who develops ISO standards?

Want to get involved?

Standards are developed by the people who need them – that could mean you. Technical committees include experts from both standards and industry and these experts are put forward by ISO's national members. If you want to help shape future standards in your field, contact your national member

图 5-9　技术委员会主网站页面

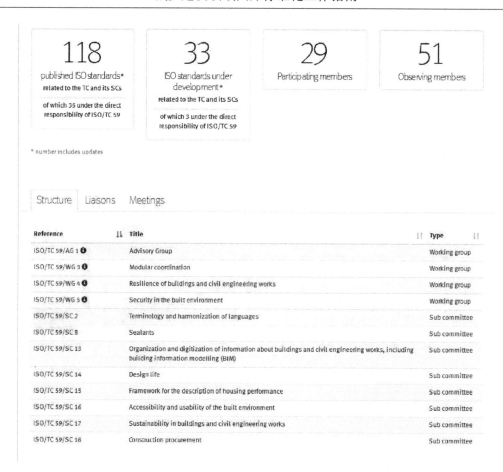

图 5-10　ISO/TC 59 相关信息

5.2　ISO 工作平台

进入网站 login. iso. org/portal/，可以看到完整的 ISO 工作平台，ISO 工作平台面向参与 ISO 工作的相关人员，共分为 7 个板块，分别为文件（Documents）、投票（Ballots）、会议（Meetings）、提交（Submissions）、镜像文件（Mirror Documents）、项目（Projects）、通知提醒（Notification），如图 5-11 所示 。

5.2.1　文件

点击进入 Document，这里给 ISO 工作者提供了很多有用的文件夹连接，例如 ISO 导则、公开发布的政策规定等。ISOTC Home 是找到和进入 ISO 技术委员会和工作组的主网页，在界面中可以找到 ISO 内部文件，以及方便秘书处人员管理文件（图 5-12）。

进入 ISO/TC home，可以找到所有的技术委员会及所要管理的技术委员会。每个技术委员会有公共开放区域，可以不需要 ISO 账号即可进入浏览相关内容，其他文件夹则只允许委员会注册专家才可以进入浏览（图 5-13）。

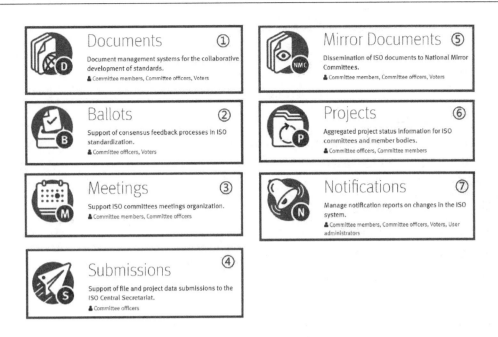

图 5-11 ISO 工作平台

图 5-12 文件名单

5.2.2 投票

在此可以参与 ISO 内部投票，投票类型根据账号使用者身份不同而不同，例如下图所示的几种类型：CIB（委员会内部投票）、WG（工作组投票）、DIS/FDIS（标准草案/最终标准草案投票）、SR（系统复审投票）、WDRL（废止投票）、面向所有成员的投票（一般为新项目 NP 投票）（图 5-14）。

ISO/TC 025 "Cast irons and pig irons"

ISO/TC 026 "Copper and copper alloys"

ISO/TC 027 "Solid mineral fuels"

ISO/TC 028 "Petroleum and related products, fuels and lubricants from natural or synthetic sources"

ISO/TC 029 "Small tools"

ISO/TC 030 "Measurement of fluid flow in closed conduits"

ISO/TC 031 "Tyres, rims and valves"

ISO/TC 033 "Refractories"

ISO/TC 034 "Food products"

ISO/TC 035 "Paints and varnishes"

ISO/TC 036 "Cinematography"

ISO/TC 037 "Language and terminology"

ISO/TC 038 "Textiles"

ISO/TC 039 "Machine tools"

ISO/TC 041 "Pulleys and belts (including veebelts)"

ISO/TC 042 "Photography"

ISO/TC 043 "Acoustics"

ISO/TC 044 "Welding and allied processes"

ISO/TC 045 "Rubber and rubber products"

ISO/TC 046 "Information and documentation"

ISO/TC 047 "Chemistry"

ISO/TC 048 "Laboratory equipment"

ISO/TC 051 "Pallets for unit load method of materials handling"

ISO/TC 052 "Light gauge metal containers"

ISO/TC 054 "Essential oils"

ISO/TC 058 "Gas cylinders"

ISO/TC 059 "Buildings and civil engineering works"

ISO/TC 060 "Gears"

ISO/TC 061 "Plastics"

ISO/TC 063 "Glass containers"

ISO/TC 067 "Materials, equipment and offshore structures for petroleum, petrochemical and natural gas industries"

图 5-13　技术委员会管理界面

在投票界面展示所有目前和活跃的投票项目，以及它们的类型和日期。所有注册过的投票者点击个投票项目可以看到投票的具体信息，并且秘书处人员可以创建和管理委员会内部投票并且下载投票结果和意见（图 5-15）。

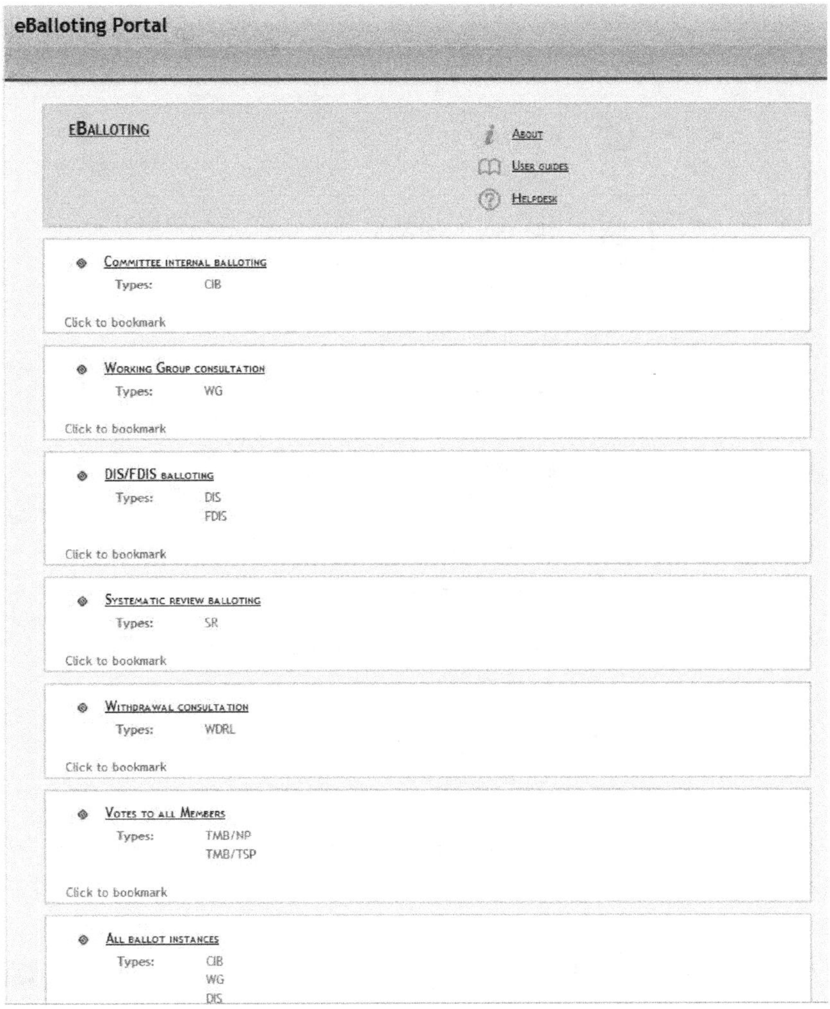

图 5-14　投票系统界面

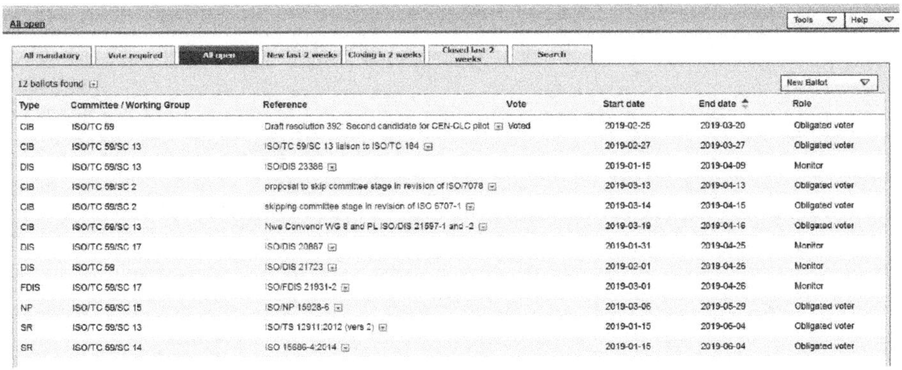

图 5-15　电子投票界面

5.2.3　会议

在"my meetings"会议界面可以查找该账号下已计划的所有会议。系统包含所有的会议信息，包括日期、地点和状态（注册）等。点击各个会议，可以看到会议的具体信息（图 5-16）。

(a) 所有的会议信息界面

(b) 会议的具体信息

图 5-16　会议界面

在"ISO meetings"会议界面可以看到 ISO 已登记和计划的所有会议（图 5-17）。

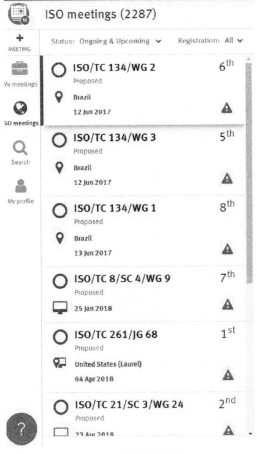

图 5-17　会议细节界面

5.2.4　提交

在此版块技术委员会或分委员会秘书处向 ISO 中央秘书处提交支撑文件以及数据等（图 5-18）。

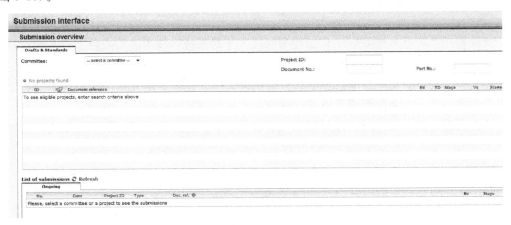

图 5-18　提交管理界面

5.2.5 镜像文件

向镜像委员会下达 ISO 相关文件。此版块 ISO 尚在升级中。

5.2.6 项目

为 ISO 委员会和成员机构汇总项目状态信息。监督项目进度，添加或者编辑日期在主要进程阶段和创立新提案包括提交项目相关文件给 ISO/CS 和提交投票决定（图 5-19）。

图 5-19 项目管理界面

5.2.7 通知提醒

该版块点击进入之后，可以看到所有的待办事项。例如会议提醒，文件提醒等。管理人员可以在 ISO 系统里管理、通知、报告、变更等（图 5-20）。

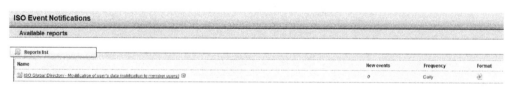

图 5-20 通知管理界面

5.3 文件管理系统

文件管理系统是参加 ISO 工作最主要的线上工具系统，技术委员会所有技术性非技术性以及事务性文件（N document）均上传至文件管理系。ISO 注册专家可登录个人账户，进入相关技术委员会文件管理系统下载审阅相关文件。在非实体会议期间，技术委员会官员以及专家主要通过文件管理系统进行该技术委员会的国际标准化工作。

文件管理系统专门为 ISO 注册管理人员提供服务。工作人员经过 ISO 注册之后可以登录 https：//login.iso.org，输入账号密码，进行日常文件管理、投票、项目管理等活动（图 5-21）。

输入账号密码后，点击进入所属的技术委员会。下图是技术委员会管理界面主界面（图 5-22）。主界面主要包括导航目录（Navigation）、文件夹（Library）、组织架构（Structure）等板块。分别点击相应板块可以得到更详细的信息。

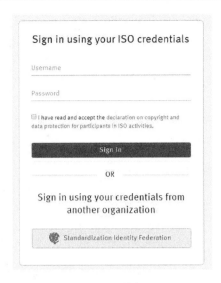

图 5-21 登录界面

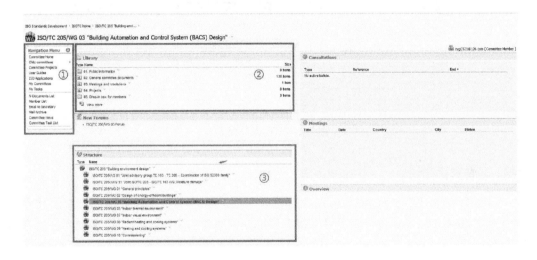

图 5-22 TC 管理界面

5.3.1 导航目录

导航目录是在技术委员会界面中帮助你快速到达目的地所有相关链接。在左侧导航目录中可以快速找到：分委员会、委员会的项目、我的任务、文件列表、成员列表等。

（1）文件列表：在文件列表中所有文件已经被编号，这里的列表将可依据文件编号排序，但也可以被创建日期、到期日期等重新排序，并找到所属工作组内的所有相关文件（图 5-23）。

（2）成员列表：当进入成员列表中，这里展示所有委员会成员以及角色，很容易筛选和查找，这里的信息会在 Global Directory 中不断更新。其中成员名单中角色包括：秘书，召集人，主席，技术委员会成员等（图 5-24）。

75

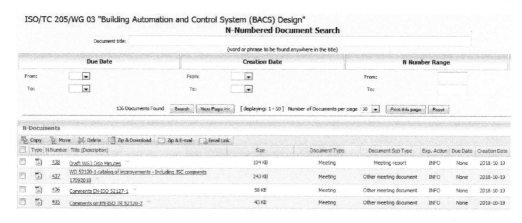

图 5-23　文件界面

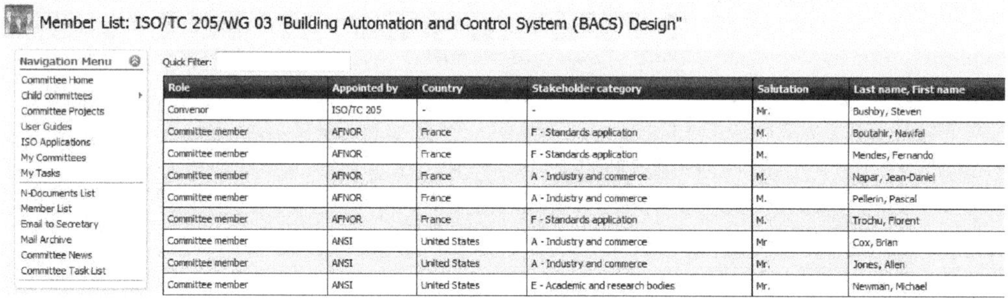

图 5-24　TC 成员列表

5.3.2　文件管理

对于在所有的 TC 和 SC 中，可以找到例如下列的默认文件夹架构，这里展示技术委员会内所有相关文件，委员会成员可以很方便地找到想要的文件，例如会议纪要、报告等（图 5-25，表 5-2）。

![Library folder listing showing Type, Name, Size columns: 01. Public information 0 Items, 02. General committee documents 136 Items, 03. Meetings and resolutions 1 Item, 04. Projects 0 Items, 05. Drop-in box for members 0 Items, view more]

图 5-25　TC 文件夹

5.3.3　组织架构

在组织构架的界面上，展示 TC 的所有分技术委员会和工作组。可以很容易地找到与技术委员会相关的分技术委员会和其他存在技术委员会里的工作组。每个分技术委员会或工作组有独立的操作界面，与技术委员会操作界面相同（图 5-26）。

	各文件夹内容范围	表 5-2

文件名称	内容适用范围
公共信息（Public information）	这个文件夹可以不用登录就进入并浏览内容。所以这里文件可以被任何人浏览，文件因此只包含技术文员会、工作项目等信息
日常技术委员会文件（General committee documents）	这个文件夹通常上传各种除工作组或委员会相关的其他文件
会议和决议（Meetings and resolution）	这个文件夹通常包括所有与会议有关的文件
项目（Projects）	这个文件夹应该包括所有和技术委员会项目有关的文件
成员的投递箱（Drop-in box for members）	成员投递箱是唯一一个委员会成员可以上传文件的文件夹。因此这个文件夹是用来技术委员会成员和委员会秘书处之间文件的传输。秘书或召集人可以编辑文件并传到相关的文件夹并提醒委员会成员

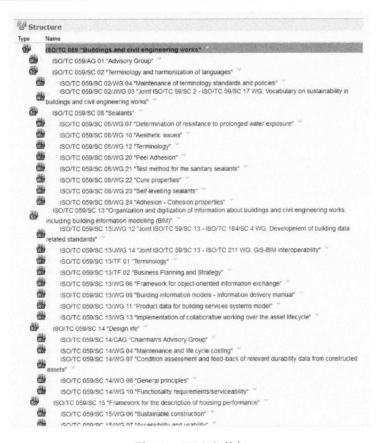

图 5-26　TC 组织构架

5.3.4　在线浏览平台 OBP

网址：www.iso.org/obp/，在线查询标准、出版物、图形符号、条目定义及国家代码等，在购买之前，可以预览已发布的部分标准（图 5-27）。

例如当我们想要查找智慧城市领域的标准是，输入 smart city，就会检索出和智慧城市相关的所有 ISO 标准，术语等（图 5-28）。

图 5-27　在线浏览平台界面

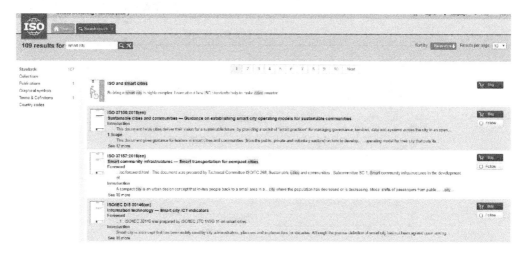

图 5-28　标准查询界面

　　找到我们想要查找的标准，点击进入获得更多的标准细节。可以看到该标准的目录、前言、范围、引用标准、术语等内容，如果想要获得完整版的标准内容，则需要选择购买（图 5-29）。

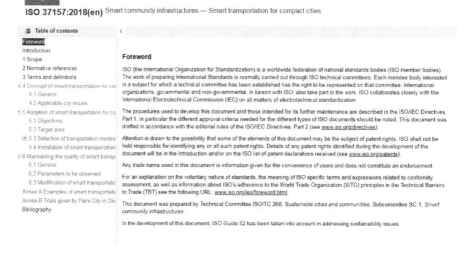

图 5-29　标准细节

附录 A 参与国际标准化工作相关文件

A.1 ISO/IEC 技术机构主席申请表

ISO/IEC 技术机构主席申请表

年　月　日

拟申请的国际标准组织	□ ISO □ IEC	拟承担的职务	□ 主席 □ 副主席	
拟申请的技术机构名称 （中英文）及编号				
推荐主席人选姓名		性　别		
职　务		联系电话		
电子邮箱		传　真		
推荐主席人选英语水平				
所在单位名称				
推荐单位名称				
申请人工作简历：【请同时填写 ISO、IEC 新 TC/SC 主席通报表（英文），并附英文简历】				
推荐单位意见： 　　　　　　　　　　　　　负责人：　　　　（签名、盖公章） 　　　　　　　　　　　　　　　　　　　　年　　月　　日				
本单位意见： 　　　　　　　　　　　　　负责人：　　　　（签名、盖公章） 　　　　　　　　　　　　　　　　　　　　年　　月　　日				
国家标准委意见：				
标准创新司意见：		标准技术司意见：		

A.2 ISO/IEC 技术机构秘书处申请表

ISO/IEC 技术机构秘书处申请表

年　月　日

拟申请的国际标准组织	□ ISO □ IEC	拟承担的职务	□ 秘书 □ 联合秘书
拟申请的技术机构名称 （中英文）及编号			
申请承担秘书处 单位名称			
推荐秘书人选姓名		性　别	
职　务		联系电话	
电子邮箱		传　真	
推荐秘书人选英语水平			
申请承担秘书处单位参与国际标准化工作情况简介：			
推荐秘书人选简历：（同时附英文个人简历）			
申请单位意见： 　　　　　　　　　　　　　　　　　负责人：　　　　　　　（签名、盖公章） 　　　　　　　　　　　　　　　　　　　　　　　　　年　月　日			
国家标准委意见：			

A.3　ISO/IEC 工作组专家/召集人申请表

ISO/IEC 工作组专家/召集人申请表

工作组信息	
(同一专家注册多个工作组，在本栏分别列出各工作组信息)	
编号：ISO/IEC TC　/SC　WG/PT 担任工作组召集人：□是　□否	中文名称： 英文名称：

专家信息						
姓　名	中文： 英文：		性　别	男：□ 女：□	职　称	中文： 英文：
电　话	座机： 手机：		电子邮件			
国　籍		所在省（区、直辖市）			邮　编	
外语水平	□能担任口译	□一般会话		□能阅读	□基本不会	
工作单位	中文： 英文：					
单位地址	中文： 英文：					

个人简历

声明：
我了解并愿意遵守有关国际标准化工作的管理规定，在此做如下承诺：
1. 履行 ISO/IEC 专家职责，积极参与相关的标准化活动，在工作中不做有损国家利益的事情；
2. 定期向技术对口单位/标准化主管单位汇报有关活动的情况，传递相关信息、资料；
3. 当个人情况（单位、联系方式、专家身份等）有任何变化时，及时向技术归口单位/标准化主管单位通报。

签名：　　　　　　　　单位签章：

技术对口单位意见： （盖章）　年　月　日	国家标准委意见： （盖章）　年　月　日

A.4 承担国内技术对口单位申请表

承担国内技术对口单位申请表

年　　月　　日

拟对口的 TC/SC 编号及中文名称		拟对口的国际组织	□ ISO □ IEC
拟申请该 TC/SC 的成员身份：	□ P 成员　　□ O 成员		
该 TC/SC 有无对应的国内技术对口单位： □ 有，国内技术对口单位名称是：_____ □ 无			
申请单位 名　　称		单位性质	□ 国有企业 □ 民营企业 □ 科研院所 □ 大专院校 □ 行业协会 □ 政府机构 □ 其他：
单位地址		联系人	
电　话	传　真	电子邮件	
申请技术对口单位理由： 			
参加该领域国际标准化工作情况： 			

续表

申请单位意见：
      负责人： （签名、盖章） 年 月 日
行业主管部门意见：
     负责人： （签名、盖公章） 年 月 日
国家标准委意见：

标准创新司意见：	标准技术司意见：

A.5 国际标准新工作项目提案审核表

国际标准新工作项目提案审核表

<table>
<tr><td colspan="7">国家标准委签发：</td></tr>
<tr><td rowspan="2">提案单位</td><td colspan="6">（签名）

（盖章）
年 月 日</td></tr>
<tr><td colspan="6"></td></tr>
<tr><td>国内技术对口单位意见</td><td colspan="6">（签名）

（盖章）
年 月 日</td></tr>
<tr><td>行业主管部门意见</td><td colspan="6">（签名）

（盖章）
年 月 日</td></tr>
<tr><td>提案拟提交的
国际标准化机构</td><td colspan="3">ISO/TC　/SC
IEC/TC　/SC</td><td colspan="2">提案报送日期</td><td>年 月 日</td></tr>
<tr><td colspan="7">提案中文名称：
提案英文名称：</td></tr>
<tr><td>提案类型</td><td>□新标准</td><td>□ 现行标准的新部分</td><td>□ 修订标准</td><td>□ 技术报告</td><td>□ 技术规范</td><td>□ 可公开提供的规范</td></tr>
<tr><td>提案来源</td><td>□国家标准</td><td>□ 行业标准</td><td>□ 地方标准</td><td>□ 团体标准</td><td>□ 企业标准</td><td>□ 新起草</td></tr>
<tr><td>提案科研情况</td><td colspan="2">□ NQI科研项目名称：</td><td colspan="2">□ 其他科研项目名称：</td><td colspan="2">□ 无科研项目</td></tr>
<tr><td colspan="7">提案内容概要：

</td></tr>
<tr><td colspan="7">提案立项可行性说明：

注：填写提案立项的背景、前期开展的工作以及立项主要困难等</td></tr>
<tr><td colspan="4">标准技术管理司审核</td><td colspan="3">标准创新管理司审核</td></tr>
<tr><td>司审核</td><td colspan="3"></td><td>司审核</td><td colspan="2"></td></tr>
<tr><td>处审核</td><td colspan="3"></td><td>处审核</td><td colspan="2"></td></tr>
<tr><td>经办人</td><td colspan="3"></td><td>经办人</td><td colspan="2"></td></tr>
</table>

A.6　参加 ISO 和 IEC 会议报名表

参加 ISO 和 IEC 会议报名表

参会代表基本信息				
姓名	中文： 英文：		性别	男：□ 女：□
电话	＋86－		传真	＋86－
职务和职称	中文： 英文：		电子邮箱	
工作单位	中文：			
	英文：			
地址 （包括邮编）	中文：			
	英文：			
是否为建议代表团团长：□ 是　　□ 否				
会议信息				
所参加国际组织：□ ISO　□ IEC　□ ISO/IEC JTC 参会 TC/SC 编号及名称（中英文）： 中文： 英文： 参会 WG/PT/PG 编号及名称（中英文）： 中文： 英文： 会议地点：＿＿＿＿＿＿国/地区＿＿＿＿＿＿市 会议时间＊：＿＿＿＿年＿＿月＿＿日 至＿＿＿＿年＿＿月＿＿日 是否需要邀请函：□ 是　□ 否 如需邀请函，护照号码：＿＿＿＿＿＿＿＿＿＿＿ ＊ 注：如同时参加 TC/SC 会议同期召开的工作组会议，工作组会议时间一并计算在内。				
声明： 我了解并愿意遵守国家有关国际标准化工作的管理和外事规定，在此做如下承诺： 1. 按时、全程参加注册的会议，不出现缺席现象； 2. 参加会议时，按统一的参会预案对外工作，不擅自发表与国家统一技术口径不一致的个人意见； 3. 积极、认真做好参会的各项工作，并在会议结束一个月内将参会工作总结尽快向国内技术对口单位（国内技术对口单位需向国家标准委）报送。 承诺人签名：				
参会代表单位意见： （盖章）　　年 月 日			国内技术对口单位意见： （盖章）　　年　　月　　日	

A.7 参加 ISO 和 IEC 国际标准化活动国内技术对口工作情况报告表

参加 ISO 和 IEC 国际标准化活动国内技术对口工作情况报告表

<table>
<tr><td colspan="2">ISO/TC　/SC
IEC/TC　/SC</td><td colspan="2">主管部门：</td><td colspan="3">对口单位：</td></tr>
<tr><td rowspan="8">投票情况</td><td>投票种类 ＼ 票数</td><td colspan="2">全年收到数</td><td>当年应投票数</td><td>实投票数</td><td>占百分比</td></tr>
<tr><td>预工作项目（PWI）</td><td colspan="2"></td><td></td><td></td><td></td></tr>
<tr><td>新工作项目提案（NP）</td><td colspan="2"></td><td></td><td></td><td></td></tr>
<tr><td>工作组草案（WD）</td><td colspan="2"></td><td></td><td></td><td></td></tr>
<tr><td>委员会草案（CD）</td><td colspan="2"></td><td></td><td></td><td></td></tr>
<tr><td>国际标准草案 DIS（ISO）、委员会投票草案 CDV（IEC）</td><td colspan="2"></td><td></td><td></td><td></td></tr>
<tr><td>国际标准最终草案（FDIS）</td><td colspan="2"></td><td></td><td></td><td></td></tr>
<tr><td>国际标准复审（SR）</td><td colspan="2"></td><td></td><td></td><td></td></tr>
<tr><td rowspan="5">参加 ISO/IEC 会议情况（包括在我国召开的会议）</td><td>派出代表团总数：</td><td colspan="2"></td><td colspan="3">参加会议总人数：</td></tr>
<tr><td>会议类别</td><td colspan="3">TC</td><td colspan="2">SC</td></tr>
<tr><td>成员身份</td><td>P</td><td colspan="2">O</td><td>P</td><td>O</td></tr>
<tr><td>参加会议次数</td><td colspan="3"></td><td colspan="2"></td></tr>
<tr><td>参加会议人数</td><td colspan="3"></td><td colspan="2"></td></tr>
<tr><td rowspan="5">承办 ISO/IEC 会议情况</td><td>会议类别</td><td colspan="3">TC</td><td colspan="2">SC</td></tr>
<tr><td>承办单位</td><td colspan="3"></td><td colspan="2"></td></tr>
<tr><td>会议总人数</td><td colspan="3"></td><td colspan="2"></td></tr>
<tr><td>外宾人数</td><td colspan="3"></td><td colspan="2"></td></tr>
<tr><td>参会国家数量</td><td colspan="3"></td><td colspan="2"></td></tr>
<tr><td rowspan="2">参与国际标准制修订专家情况</td><td>年度注册专家数</td><td colspan="5">共　　人，共　　个工作组，工作组参加覆盖率_____%。</td></tr>
<tr><td>累计注册专家总数</td><td colspan="5">共　　人，共　　个工作组，工作组参加覆盖率_____%。</td></tr>
<tr><td rowspan="4">提交国际标准提案和发布国际标准情况[a]</td><td>提交提案总数</td><td colspan="5"></td></tr>
<tr><td>立项提案数</td><td colspan="5"></td></tr>
<tr><td>年度发布国际标准</td><td colspan="5"></td></tr>
<tr><td>累计发布国际标准总数</td><td colspan="5"></td></tr>
<tr><td rowspan="3">文件资料收发情况</td><td>收到技术资料</td><td colspan="5">收到　　件；翻译　　件</td></tr>
<tr><td>分发资料</td><td colspan="5">　　件；</td></tr>
<tr><td>累计收到国际标准共</td><td colspan="5">　　个，已翻译　　个</td></tr>
<tr><td colspan="2">填表人</td><td colspan="5">技术对口单位盖章</td></tr>
<tr><td colspan="2">
　　年　　月　　日</td><td colspan="5">
　　年　　月　　日</td></tr>
<tr><td colspan="7">a 请随表附提交国际标准提案和发布国际标准的相关证明文件。</td></tr>
</table>

A.8 我国承担 ISO 和 IEC 技术机构国际标准化工作情况报告表

我国承担 ISO 和 IEC 技术机构国际标准化工作情况报告表

ISO/TC /SC IEC/TC /SC		主席承担单位:		秘书处单位:		
TC/SC 技术机构中文名称:						
机构和成员情况	成员总数					
	机构类别	TC		SC		
	设立 SC 数			——		
	设立 WG 数					
	成员身份	P	O	P	O	
	成员数量					
	联络组织	共 个				
发布国际标准情况	年度发布国际标准					
	累计发布国际标准总数					
制定中的国际标准情况	文件种类 ＼ 数量	总数		由中国提交的项目数		
	预工作项目（PWI）					
	新工作项目提案（NP）					
	工作组草案（WD）					
	委员会草案（CD）					
	询问草案 DIS（ISO）、CDV（IEC）					
	最终国际标准草案（FDIS）					
	国际标准复审（SR）					
举办 ISO/IEC 会议情况	其中	会议次数				
		会议时间				
		会议地点				
		会议人数				
		中国代表团是否参会	□是，参会共 人		□否		
完成的其他工作						
主席/秘书签名		ISO/IEC 技术机构承担单位盖章				
年 月 日		年 月 日				

A.9 国际标准制修订证明

国际标准制修订证明

标准或标准提案名称	英文名称：××××××××		
	中文名称：《××××××××》		
标准号或工作文件编号	ISO ××××：201×		
国际标准组织/技术机构名称	ISO/TC ××× English Title 中文名称		
单位名称（按贡献排序，主导单位与参与单位分列）	主导单位： 参与单位：		
标准制定工作组召集人或项目负责人及所在单位	□ 召集人： □ 项目负责人： 所在单位：		
项目类型	□ 新项目 □ 修订项目		
立项时间	201×年×月	目前进展阶段（DIS或FDIS）或正式标准发布时间	201×年×月正式发布
国内技术对口单位意见	（盖章）		
主管部门意见	（盖章）		

A. 10　国际标准提案表格（Form 4）

International Organization for Standardization
Organisation internationale de normalisation
Международная организация по стандартизации

● ● ● ● ● Ch. de Blandonnet 8 | CP 401, 1214 Vernier | Geneva, Switzerland | T: +41 22 749 01 11 | central@iso.org | www.iso.org

FORM 4：NEW WORK ITEM PROPOSAL （NP）

Circulation date： **Closing date for voting：**	**Reference number：**（to be given by Central Secretariat）
Proposer ☐ ISO member body： ☐ Committee, liaison or other[1]：	**ISO/TC　　　/SC** ☐ Proposal for a new PC **N**
Secretariat	

A proposal for a new work item within the scope of an existing committee shall be submitted to the secretariat of that committee.

[1] The proposer of a new work item may be a member body of ISO, the secretariat itself, another technical committee or subcommittee, an organization in liaison, the Technical Management Board or one of the advisory groups, or the Secretary-General. See ISO/IEC Directives Part 1, Clause 2. 3. 2.

The proposer（s）of the new work item proposal shall：

• make every effort to provide a first working draft for discussion, or at least an outline of a working draft；

• nominate a project leader；

• discuss the proposal with the committee leadership prior to submitting the appropriate form, to decide on an appropriate development track（based on market needs）and draft a project plan including key milestones and the proposed date of the first meeting.

The proposal will be circulated to the P-members of the technical committee or subcommittee for voting, and to the O-members for information.

IMPORTANT NOTE

Proposals without adequate justification risk rejection or referral to originator.

Guidelines for proposing and justifying a new work item are contained in Annex C of the ISO/IEC Directives, Part 1.

☐ The proposer has considered the guidance given in the Annex C during the preparation of the NP.

Resource availability：

☐ There are resources available to allow the development of the project to start immediately after project approval* （i. e. project leader，related WG or committee work programme）.

* if not, it is recommended that the project be first registered as a preliminary work item (a Form 4 is not required for this) and，when the development can start，Form 4 should be completed to initiate the NP ballot.

Proposal （to be completed by the proposer，following discussion with the committee leadership）

Title of the proposed deliverable.

English title：

French title（if available）：

（*In the case of an amendment，revision or a new part of an existing document，show the reference number and current title*）

Scope of the proposed deliverable.

Purpose and justification of the proposal

See Annex C of the ISO/IEC Directives，Part 1 for more information.

See the following guidance on justification statements in the brochure 'Guidance on New work'： https：//www. iso. org/publication/PUB100438. html

---

Please select any UN Sustainable Development Goals（SDGs）that this deliverable will support. For more information on SDGs，please visit our website atwww. iso. org/SDGs. "

☐ **GOAL 1**：No Poverty

☐ **GOAL 2**：Zero Hunger

☐ **GOAL 3**：Good Health and Well-being

☐ **GOAL 4**：Quality Education

☐ **GOAL 5**：Gender Equality

☐ **GOAL 6**：Clean Water and Sanitation

☐ **GOAL 7**：Affordable and Clean Energy

☐ **GOAL 8**：Decent Work and Economic Growth

☐ **GOAL 9**：Industry，Innovation and Infrastructure

☐ **GOAL 10**：Reduced Inequality

☐ **GOAL 11**：Sustainable Cities and Communities

☐ **GOAL 12**：Responsible Consumption and Production

☐ **GOAL 13**：Climate Action

☐ **GOAL 14**：Life Below Water

☐　**GOAL 15**：Life on Land

☐　**GOAL 16**：Peace and Justice Strong Institutions

N/A GOAL 17：Partnerships to achieve the Goal

Preparatory work

(An outline should be included with the proposal)

☐　A draft is attached

☐　An outline is attached

☐　An existing document witt serve as the initial basis

The proposer or the proposer's organization is prepared to undertake the preparatory work required：☐　Yes　　☐　No

If a draft is attached to this proposal

Please select from one of the following options (note that if no option is selected, the default will be the first option)：

☐　Draft document can be registered at Working Draft stage (WD-stage 20.00)

☐　Draft document can be registered at Committee Draft stage (CD-stage 30.00)

☐　Draft document can be registered at Draft International Standard stage (DIS-stage 40.00)

☐　If the attached document is copyrighted or includes copyrighted content, the proposer confirms that copyright permission has been granted for ISO to use this content in compliance with clause 2.13 of the ISO/IEC Directives, Part 1 (see also the Declaration on copyright).

Is this a Management Systems Standard (MSS)?

☐　Yes　　☐　No

NOTE：if Yes, the NP along with the Justification study (see Annex SL of the Consolidated ISO Supplement) must be sent to the MSS Task Force secretariat (tmb@iso.org) for approval before the NP ballot can be launched.

Indication of the preferred type to be developed.

☐　International Standard　　☐　Technical Specification

☐　Publicly Available Specification

Proposed Standard Development Track (SDT)

To be discussed between proposer and committee manager considering, for example, when the market (the users) needs the document to be available, the maturity of the subject etc.

☐　18 months*　　☐　24 months　　☐　36 months

* Projects using SDT 18 are eligible for the 'Direct publication process' offered by ISO /CS which reduces publication processing time by approximately 1 month.

Draft project plan（**as discussed with committee leadership**）

Proposed date for first meeting：

Proposed dates for key milestones：

Circulation of 1ˢᵗ Working Draft（if any）to experts：Click here to enter a date.

Committee Draft ballot（if any）：

DIS submission*：

Publication*：

* Target Dates for DIS submission and Publication should preferably be set a few weeks ahead of the limit dates（automatically given by the selected SDT）.

For guidance and support on project management，descriptions of the key milestones and to help you define your project plan and select the appropriate development track，see：go. iso. org/projectmanagement

NOTE：The draft project plan is later used to create a detailed project plan，when the project is approved.

Known patented items（**see ISO/IEC Directives，Part 1，clause 2. 14 for important guidance**）

☐　Yes　☐　No

If " Yes"，provide full information as annex

Co-ordination of work

To the best of your knowledge，has this or a similar proposal been submitted to another standards development organization?

☐　Yes　☐　No

If " Yes"，please specify which one（s）：

A statement from the proposer as to how the proposed work may relate to or impact on existing work，especially existing ISO and IEC deliverables. The proposer should explain how the work differs from apparently similar work，or explain how duplication and conflict will be minimized

---

A listing of relevant existing documents at the international，regional and national levels

---

Please fill out the relevant parts of the table below to identify relevant affected stakeholder categories and how they will each benefit from or be impacted by the proposed deliverable

	Benefits/impacts	Examples of organizations/ companies to be contacted
Industry and commerce–large industry		
Industry and commerce-SMEs		
Government		
Consumers		
Labour		
Academic and research bodies		
Standards application businesses		
Non-governmental organizations		
Other（please specify）		

Liaisons A listing of relevant external international organizations or internal parties（other ISO and/or IEC committees）to be engaged as liaisons in the development of the deliverable.	Joint/parallel work Possible joint/parallel work with ☐　IEC（please specify committee ID） ☐　CEN（please specify committee ID） ☐　Other（please specify）

A listing of relevant countries which are not already P-members of the committee

NOTE： The committee manager shall distribute this NP to the ISO members of the countries listed above to ask if they wish to participate in this work

Proposed Project Leader （name and e-mail address）	Name of the Proposer （include contact information）

This proposal will be developed by
☐　An existing Working Group（please specify which one：）
☐　A new Working Group（title：）
（Note：establishment of a new WG must be approved by committee resolution）

☐ The TC/SC directly

☐ To be determined

Supplementary information relating to the proposal

☐ This proposal relates to a new ISO document;

☐ This proposal relates to the adoption as an active project of an item currently registered as a Preliminary Work Item;

☐ This proposal relates to the re-establishment of a cancelled project as an active project.

☐ Other:

Maintenance agencies (MA) and registration authorities (RA)

☐ This proposal requires the service of a **maintenance agency.**

If yes, please identify the potential candidate:

☐ This proposal requires the service of a **registration authority.**

If yes, please identify the potential candidate:

NOTE: Selection and appointment of the MA or RA is subject to the procedure outlined in the ISO/IEC Directives, Annex G and Annex H, and the RA policy in the ISO Supplement, Annex SN.

☐ Annex (es) are included with this proposal (provide details)

Additional information/questions

A.11　标准编制模板

ISO ####-#：####(X)

ISO TC###/SC ##/WG#

Secretariat：XXXX

Title（Introductory element — Main element — Part #：Part title）

WD/CD/DIS/FDIS stage

Warning for WDs and CDs

This document is not an ISO International Standard. It is distributed for review and comment. It is subject to change without notice and may not be referred to as an International Standard.

Recipients of this draft are invited to submit，with their comments，notification of any relevant patent rights of which they are aware and to provide supporting documentation.

To help you，this guide on writing standards was produced by the ISO/TMB and is available at http://www.iso.org/iso/how-to-write-standards.pdf

Contents

This template allows you to work with default MS Word functions and styles. You can use these if you want to maintain the Table of Contents automatically and apply autonumbering.

To update the Table of Contents please select it and press "F9".

Foreword

ISO (the International Organization for Standardization) is a worldwide federation of national standards bodies (ISO member bodies). The work of preparing International Standards is normally carried out through ISO technical committees. Each member body interested in a subject for which a technical committee has been established has the right to be represented on that committee. International organizations, governmental and non-governmental, in liaison with ISO, also take part in the work. ISO collaborates closely with the International Electrotechnical Commission (IEC) on all matters of electrotechnical standardization.

The procedures used to develop this document and those intended for its further maintenance are described in the ISO/IEC Directives, Part 1. In particular, the different approval criteria needed for the different types of ISO documents should be noted. This document was drafted in accordance with the editorial rules of the ISO/IEC Directives, Part 2 (see www. iso. org/directives).

Attention is drawn to the possibility that some of the elements of this document may be the subject of patent rights. ISO shall not be held responsible for identifying any or all such patent rights. Details of any patent rights identified during the development of the document will be in the Introduction and/or on the ISO list of patent declarations received (see www. iso. org/patents).

Any trade name used in this document is information given for the convenience of users and does not constitute an endorsement.

For an explanation of the voluntary nature of standards, the meaning of ISO specific terms and expressions related to conformity assessment, as well as information about ISO's adherence to the World Trade Organization (WTO) principles in the Technical Barriers to Trade (TBT), see www. iso. org/iso/foreword. html.

This document was prepared by Technical Committee [or Project Committee] ISO/TC [or ISO/PC] ###, [name of committee], Subcommittee SC ##, [name of subcommittee]. This second/third/… edition cancels and replaces the first/second/… edition (ISO #### #: ####), which has been technically revised.

The main changes compared to the previous edition are as follows:

— xxx xxxxxxx xxx xxxx

A list of all parts in the ISO ##### series can be found on the ISO website.

Any feedback or questions on this document should be directed to the user's national standards body. A complete listing of these bodies can be found at www. iso. org/members. html.

Introduction

Type text.

Identification of patent holders, if any.

Title（Introductory element — Main element — Part ♯：Part title）

1 Scope（**mandatory**）

Type text.

2 Normative references（**mandatory**）

Two options of text（remove the inappropriate option）.

1）The normative references shall be introduced by the following wording.

The following documents, in whole or in part, are normatively referenced in this document and are indispensable for its application. For dated references, only the edition cited applies. For undated references, the latest edition of the referenced document（including any amendments）applies.

ISO ♯♯♯♯♯♯：20♯♯, *General title — Part ♯：Title of part*

2）If no references exist, include the following phrase below the clause title：

There are no normative references in this document.

3 Terms and definitions（**mandatory**）

Four options of text（remove the inappropriate options）.

1）If all the specific terms and definitions are provided in Clause 3, use the following introductory text：

For the purposes of this document, the following terms and definitions apply.

2）If reference is given to an external document, use the following introductory text：

For the purposes of this document, the terms and definitions given in［external document reference xxx］apply.

3）If terms and definitions are provided in Clause 3, in addition to a reference to an external document, use the following introductory text：

For the purposes of this document, the terms and definitions given in［external document reference xxx］and the following apply.

4）If there are no terms and definitions provided, use the following introductory text：

No terms and definitions are listed in this document.

• *The list below is always included after each option：*

• ISO and IEC maintain terminological databases for use in standardization at the following addresses：

　　　—ISO Online browsing platform：available at https：//www. iso. org/obp

　　　—IEC Electropedia：available at http：//www. electropedia. org/

3. 1

term

text of the definition

Note 1 to entry：Text of the note.

［SOURCE：⋯］

3. 2

term

text of the definition

4 Clause title

Type text here

Use subclauses if required e. g. 4. 1 or 4. 1. 1. For example：

4. 1 Subclause autonumber

4. 2. 1 Subclause autonumber

There are two options for providing formulae：Equation Editor in MS Word，or Math-Type Equation.

Example of formula in MS Equation Editor：

$$K_{2A} = 10\log f_O\,1 + \frac{4S}{A}$$

where

A is the equivalent absorption area of the room，in square meters；

S is the area in square meters of the measurement surface (in the case of this proce-dure，S is a sphere with a radius of 1 m, i. e. $S = 4\pi$) .

The same formula in MathType Equation：

$$K_{2A} = 10\log\left(1 + \frac{4S}{A}\right)$$

Clause title

Example of codes：

```
<xs：complexType name="Route">
<xs：sequence>
<xs：element name="routeID" type="tdt：IntUnLoMB"/>
<xs：element name="routeListID" type="tdt：IntUnLoMB"/>
<xs：element name="listCount" type="tdt：IntUnLoMB"/>
</xs：sequence>
</xs：complexType>
```

ANNEX A

（**informative**）

Annex title e. g. Example of a figure and a table

Clause title autonumber

Use subclauses if required e. g. A. 1. 1 or A. 1. 1. 1. For example：

A. 1. 1 Subclause autonumber

A. 1. 1. 1 Subclause autonumber

Type text.

Dimensions in millimetres

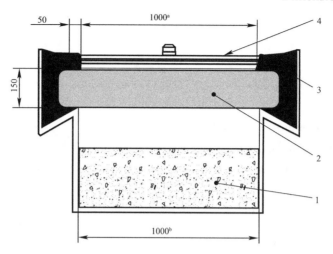

Key

1   desiccant/aqueous saturated salt solution

2   test specimen

3   sealant

4   template

NOTE   Figure note.

a   It is the upper exposed area.

b   It is the lower exposed area.

Figure A. 1 — Example

Table A. 1 — Example

Type[a]	No. series	Pressure p_1 MPa	Length l_2 mm	Temperature T_1 ℃
A	248-i	50	216	50
B	556-i	100[b]	287	60，5
C	43-ii	200	300	38
NOTE Table note. a Table footnote. b Second table footnote.				

Bibliography

[1]   ISO ﹟﹟﹟﹟﹟-﹟，*General title — Part ﹟：Title of part*

[2]   ISO ﹟﹟﹟﹟﹟-﹟﹟：20﹟﹟，*General title — Part ﹟﹟：Title of part*

A.12 新技术活动领域提案 (Form 1)

Form 1: Proposal for a new field of technical activity

Circulation date: Closing date for voting:	Reference number (to be given by Central Secretariat)
Proposer:	**ISO/TS/P**

A proposal for a new field of technical activity shall be submitted to the Central Secretariat, which will assign it a reference number and process the proposal in accordance with the ISO/IEC Directives (part 1, subclause 1.5). The proposer may be a member body of ISO, a technical committee, subcommittee or project committee, the Technical Management Board or a General Assembly committee, the Secretary-General, a body responsible for managing a certification system operating under the auspices of ISO, or another international organization with national body membership. Guidelines for proposing and justifying a new field of technical activity are given in the ISO/IEC Directives (part 1, Annex C).

The proposal (to be completed by the proposer)

Title of the proposed new committee (The title shall indicate clearly yet concisely the new field of technical activity which the proposal is intended to cover.)

Scope statement of the proposed new committee (The scope shall precisely define the limits of the field of activity. Scopes shall not repeat general aims and principles governing the work of the organization but shall indicate the specific area concerned.)

Proposed initial programme of work (The proposed programme of work shall correspond to and clearly reflect the aims of the standardization activities and shall, therefore, show the relationship between the subject proposed. Each item on the programme of work shall be defined by both the subject aspect (s) to be standardized (for products, for example, the items would be the types of products, characteristics, other requirements, data to be supplied, test methods, etc.). Supplementary justification may be combined with particular items in the programme of work. The proposed programme of work shall also suggest priorities and target dates.

Indication (s) of the preferred type or types of deliverable (s) to be produced under the proposal (This may be combined with the " Proposed initial programme of work" if more convenient.)

A listing of relevant existing documents at the international, regional and national levels. (Any known relevant document (such as standards and regulations) shall be listed, regardless of their source and should be accompanied by an indication of their significance.)

A statement from the proposer as to how the proposed work may relate to or impact on existing work, especially existing ISO and IEC deliverables. (The proposer should explain how the work differs from apparently similar work, or explain how duplication and conflict will be minimized. If seemingly similar or related work is already in the scope of other committees of the organization or in other organizations, the proposed scope shall distinguish between the proposed work and the other work. The proposer shall indicate whether his or her proposal could be dealt with by widening the scope of an existing committee or by establishing a new committee.)

A listing of relevant countries where the subject of the proposal is important to their national commercial interests.

A listing of relevant external international organizations or internal parties (other ISO and/or IEC committees) to be engaged as liaisons in the development of the deliverable (s) . (In order to avoid conflict with, or duplication of efforts of, other bodies, it is important to indicate all points of possible conflict or overlap. The result of any communication with other interested bodies shall also be included.)

A simple and concise statement identifying and describing relevant affected stakeholder categories (including small and medium sized enterprises) and how they will each benefit from or be impacted by the proposed deliverable (s) .

An expression of commitment from the proposer to provide the committee secretariat if the proposal succeeds.

Purpose and justification for the proposal. (The purpose and justification for the creation of a new technical committee shall be made clear and the need for standardization in this field shal l be justified. Clause C. 4. 13. 3 of Annex C of the ISO/IEC Directives, Part 1 contains a menu of suggestions or ideas for possible documentation to support and purpose and justification of proposals. Proposers should consider these suggestions, but they are not limited to them, nor are they required to comply strictly with them. What is most important is that proposers develop and provide purpose and justification information that is most relevant to their proposals and that makes a substantial business case for the market relevance and the need for their proposals. Thorough, well-developed and robust purpose and justification documentation will lead to more informed consideration of proposals and ultimately their possible success in the ISO IEC system.)

Signature of the proposer

Further information to assist with understanding the requirements for the items above can be found in the Directives，Part 1，Annex C.

A. 13　设立分技术委员会的决议（Form 3）

Form 3：
Decision to establish a subcommittee

This form shall be completed by the secretariat of the ISO parent technical committee concerned and be submitted to the Central Secretariat which will assign it a reference number and submit it to the Technical Management Board for ratification of the decision.

Date of decision	• New subcommittee number • ISO/TC /SC

Title of subcommittee（the title shall be unambiguous and as concise as possible）

Scope（the scope shall define precisely the limits of the proposed field of activity of the subcommittee within the defined scope of the parent technical committee and shall begin with " Standardization of … " or " Standardization in the field of … "）

Purpose and justification（the justification shall explain why it is considered necessary to establish a subsidiary body within the parent technical committee, taking into account the additional resources that will be required to operate the subcommittee secretariat）

Survey of similar work undertaken in other bodies（relevant documents to be considered: national standards or other normative documents）

Member bodies (at least five members of the parent technical committee, having expressed their intention to participate actively in the work of the subcommittee)

Secretariat (member body — one of those listed above — having confirmed its readiness to undertake the secretariat of the subcommittee) (see 1.9 and annex E of part 1 of the ISO/IEC Directives)

Liaison organizations (list of organizations or external or internal bodies with which cooperation and liaison should be established)

Other comments (if any)

Programme of work (list of principal questions which the parent technical committee wishes to be included within the limits given in the proposed subcommittee scope, indicating what aspects of the subject should be dealt with, e. g. terminology, test methods, dimensions and tolerances, performance requirements, technical specifications, etc.) (attach a separate page as annex, if necessary) .

Secretary of ISO/TC	• Name and signature	• Date

A.14　ISO 投票意见模板

Template for comments and secretariat observations						Date：xx/xx/201x	Document：ISO/ xxxxx	Project：

MB/ NC[1]	Line number (e. g. 17)	Clause/ Subclause (e. g. 3. 1)	Paragraph/ Figure/Table/ (e. g. Table 1)	Type of comment[2]	Comments	Proposed change	Observa- tions of the secretariat
CN				te	(1) Constraint index of the standard of wireless hand-shake retransmission, key links, as well as the applica-tion positioning accuracy.		
		6. 2. 3. 1、 6. 2. 3. 2 6. 18		te	(2) In 6.2.3.1、6.2.3.2 and 6.18, the "Search-Park-ing-Bay" refers to the R-ITS-S while in 7.1 picture No. 2 the "Search-Parking-Bay" re-fers to C-ITS-S, please cor-rect.		
				te	(3) An appendix of the ex-planation of TextID、rvID、iTsmsID、dataTypeID is pre-ferred.		

1　**MB**=Member body/**NC**=National Committee (enter the ISO 3166 two-letter country code，e. g. CN for China；com-ments from the ISO/CS editing unit are identified by＊＊)

2　**Type of comment**：　**ge**=general　**te**=technical　**ed**=editorial

page 142 of 212

ISO/IEC/CEN/CENELEC　electronic balloting commenting template/version 2012-03

A. 15 ISO/TC 战略业务计划模板——说明

Ch. de Blandonnet 8, CP 401, 1214 Vernier, Geneva, Switzerland | T: +41 22 749 01 11 | iso.org | central@iso.org

ISO/TC Strategic business plan template-Instructions

IMPORTANT INFORMATION

Every newly established technical committee (TC) is required to prepare a strategic business plan (SBP) within 18 months of its provisional establishment, in parallel with its standards development work. The SBP of a TC covers the activities of any subcommittees under the TC. For existing TCs, it is proposed that in the development of the SBP, the TC should identify the range of stakeholders that should be engaged based on the subject area being standardized. Each active TC is required to prepare, maintain and regularly review its own SBP. The SBP of a new TC must be formally agreed upon by the TC and then reviewed and approved by the Technical Management Board (TMB).

➤ See Annex SC. 3 of the Consolidated ISO Supplement for details on the procedures to be followed for the development, approval and review of SBPs.

NOTE: The SBP contains information on the scope, title, structure and work programme of the TC. These elements should all have been *previously approved* by the relevant authority. Draft SBPs submitted to the TMB for approval should not contain new or revised information in these areas-if the TC wishes to add or revise these elements, separate approval must be sought. See the ISO/IEC Directives Part 1, 1.5.10 (title and scope); 1.6.1 (sub-committees); 2.1.5.6 (work programme).

Main objective of the SBP:
The main objective of the SBP is to provide a concise and up-to-date overview of the committee's work in a user-friendly format for interested stakeholders. The types of stakeholders to be addressed in the SBP include:

- The management layer of organizations and companies making a contribution to standardization;
- Standards developers and standards developing organizations;
- Regulators;
- Users of standards;
- The interested public.

The SBP should provide an analysis of important business, technological, environmental and social trends in the field addressed by the work of the ISO/TC. It should also explain the linkages between these trends and the priority areas in the standards development work of the committee.

Drafting instructions:

Information must be entered into this SBP template as indicated (in the header/footer and in fields marked 'click here to enter text') for the **Executive summary** and **sections 2 to 6.** See the relevant drafting instructions in each section for guidance on the content.

Please consider including **graphical elements** to represent market structures, information on trade or the structure of the committee, where relevant.

Hyperlinks

In some cases, information-for example regarding the work programme, project target dates, the list of published standards, the committee structure etc. -can be included dynamically via **hyperlinks** from the SBP template to committee-specific information available from ISO's main website, ISO Online. Where this is required, the need to add hyperlinks will be clearly indicated with **red, underlined text.** In addition to the required hyperlinks given in this template, TCs may include hyperlinks pointing to other relevant sections on ISO Online, or to their own databases with more detailed project information.

*Once you have completed the draft SBP, please **delete all blue-shaded boxes** with 'Drafting instructions' throughout the document.*
*Once you have completed the draft SBP, please **delete all blue-shaded boxes** with 'Drafting instructions' throughout the document.*

STRATEGIC BUSINESS PLAN
ISO/TC XXX

EXECUTIVE SUMMARY

Drafting Instructions

The executive summary shall contain a concise description of

• The main fields and the overall size of the markets addressed by the committee (i. e. the committee's environment)
• The benefits already realized and/or expected through the availability of the standards
• The main objectives and priorities in the work of the committee

This section shall normally not exceed one page.

---

1. INTRODUCTION

1.1 *ISO technical committees and business planning*

The extension of formal business planning to ISO Technical Committees (ISO/TCs) is an important measure which forms part of a major review of business. The aim is to align the ISO work programme with expressed business environment needs and trends and to allow ISO/TCs to prioritize among different projects, to identify the benefits expected from the availability of International Standards, and to ensure adequate resources for projects throughout their development.

1.2 *International standardization and the role of ISO*

The foremost aim of international standardization is to facilitate the exchange of goods and services through the elimination of technical barriers to trade.

Three bodies are responsible for the planning, development and adoption of International Standards: ISO (International Organization for Standardization) is responsible for all sectors excluding Electrotechnical, which is the responsibility of IEC (International Electrotechnical Committee), and most of the Telecommunications Technologies, which are largely the responsibility of ITU (International Telecommunication Union).

ISO is a legal association, the members of which are the National Standards Bodies (NSBs) of some 164 countries (organizations representing social and economic interests at the international level), supported by a Central Secretariat based in Geneva, Switzerland.

The principal deliverable of ISO is the International Standard.

An International Standard embodies the essential principles of global openness and transparency, consensus and technical coherence. These are safeguarded through its development in an ISO Technical Committee (ISO/TC), representative of all interested parties, supported by a public comment phase (the ISO Technical Enquiry). ISO and its Technical Committees are also able to offer the ISO Technical Specification (ISO/TS), the ISO Public Available Specification (ISO/PAS) and the ISO Technical Report (ISO/TR) as solutions to market needs. These ISO products represent lower levels of consensus and have therefore not the same status as an International Standard.

ISO offers also the International Workshop Agreement (IWA) as a deliverable which aims to bridge the gap between the activities of consortia and the formal process of standardization represented by ISO and its national members. An important distinction is that the IWA is developed by ISO workshops and fora, comprising only participants with direct interest, and so it is not accorded the status of an International Standard.

2. BUSINESS ENVIRONMENT OF THE ISO/TC

2.1 *Description of the Business Environment*

The following political, economic, technical, regulatory, legal and social dynamics describe the business environment of the industry sector, products, materials, disciplines or practices related to the scope of this ISO/TC, and they may significantly influence how the relevant standards development processes are conducted and the content of the resulting standards:

Drafting Instructions

Provide an appropriate list as described above. Describe any dynamics that may be relevant to your specific ISO/TC, but do not feel compelled to describe dynamics in all of the categories in the series above if they are not relevant. This list may include descriptions of:

- The state of the art in the field addressed by the scope of the ISO committee;
- Recent or expected technological changes and major innovations related to the industry sector, products or materials addressed by the scope of the ISO committee;
- Recent or expected changes and major innovations in the disciplines or practices addressed by the scope of the ISO committee;
- Categories of relevant stakeholders (for example, industry, government, public interest groups, investors, lending institutions, employees, customers, suppliers, contractors, media, consumers, local communities);
- The concerns and perceptions of relevant stakeholders;
- Social, safety, health, environmental or cultural issues related to the sector, products, materials, disciplines or practices addressed by the scope of the ISO committee;
- Other relevant international, regional or national standards or voluntary initiatives;
- Real or potential technical barriers to trade related to the scope of the ISO committee, due to diverging national, regional or other standards and/or technical regulations. If possible, an estimation of their financial impact on trade should be provided;
- Other regulatory and legal issues, such as the existence of international, regional and national legislation/regulations, product bans, coverage by patents, etc.

2.2 *Quantitative Indicators of the Business Environment*

The following list of quantitative indicators describes the business environment in order to provide adequate information to support actions of the ISO/TC:

Drafting Instructions

Provide a list of relevant quantitative indicators. The intent of these indicators is to:

- understand trends in the sector, products, materials, disciplines or practices addressed by the scope of the ISO committee (such trends may be only indirectly influenced by the ISO committee's International Standards, and are usually influenced by a variety of other factors);

• provide quantitative information that directly demonstrates the possible use and acceptance of the ISO committee's International Standards by the effected business community.

ISO/TCs with scopes related to specific industry sectors, products or materials may wish to consider indicators such as:

• Total international trade in the sector/products/materials (in US $) over the last 3 years;
• Imports and exports in the sector/products/materials (in US $) by major geographical regions and/or by countries over the last 3 years;
• Total international trade in new sector/product/material growth areas (in US $) over the past three years;
• Estimated number of companies (world-wide) operating in the sector or producing the products/materials over the past three years;
• Estimated employment (world-wide) in the sector over the last 3 years;
• Estimated percentage of products in the marketplace self-declared or certified to the ISO committee's International Standards over the past 3 years;
• Real examples of increased income and/or cost savings achieved through implementation of the ISO committee's International Standards;
• Estimated number of organizations (world-wide) requiring compliance with the ISO committee's International Standards by suppliers, contractors and other service providers;
• Estimated number of cases of governmental adoption of the ISO committee's International Standards into legislation, regulations or procurement requirements;
• Total number of the ISO committee's International Standards cited as normative references in International Standards of other ISO committees;
• Total number of national adoptions of the ISO committee's International Standards.

ISO/TCs with scopes related to specific disciplines or practices (for example, units of measure, technical drawings, terminology, banking, statistics, biological evaluation, sterilization, clinical laboratory practices, management systems standards, etc.) may wish to consider indicators such as:

• Estimated number of organizations (world-wide) implementing or certified to the ISO committee's International Standards over the past 3 years;
• Estimated employment (world-wide) related to the disciplines/practices addressed by the scope of the ISO committee over the past 3 years;
• Real examples of increased income and/or cost savings achieved through implementation of the ISO committee's International Standards;
• Estimated number of organizations (world-wide) requiring compliance with the ISO committee's International Standards by suppliers, contractors and other service providers;

• Estimated number of cases of governmental adoption of the ISO committee's International Standards into legislation, regulations or procurement requirements;
• Total number of the ISO committee's International Standards cited as normative references in International Standards of other ISO committees;
• Total number of national adoptions of the ISO committee's International Standards.

---

3. BENEFITS EXPECTED FROM THE WORK OF THE ISO/TC

Drafting Instructions

Provide a list of specific benefits, in quantitative terms where possible, that have been realized or are expected from the work of this ISO/TC. This list could include descriptions of:

• The main priorities in the work of the committee and how the priorities are related to trends in the business, technological, environmental and social environment of the field addressed by the work of the ISO committee;
• How the standards developed by the committee led to or are expected to lead to cost savings through implementation of them;
• How the standards have removed or are expected to remove technical barriers to trade and open markets in various regions of the world;
• How they responded to or are expected to address relevant social, safety, health or environmental concerns;
• How they contributed or are expected to facilitate the harmonization of national and regional standards;
• How they supported or are expected to support the implementation of other International Standards;
• Whether standards are cited or are expected to be cited as normative references in other International Standards.

---

4. REPRESENTATION AND PARTICIPATION IN THE ISO/TC

4.1　Membership

Countries/ISO member bodies that are P and O members of the ISO committee-replace this example link with the link for the correct TC

4.2　Analysis of the participation

Drafting Instructions

Provide text that addresses the following issues (include graphical presentations, if appropriate):

• The participation among developed countries, developing countries and countries with economies in transition, and the possible reasons for the lack of participation by any of them;

• The participation based on regions of the world, and the possible reasons for any imbalance;

• The lack of participation by specific countries or regions known to have significant business, trade or experience in the field addressed by the scope of the ISO committee, and the possible reasons for this lack of participation;

• The types of international organizations in liaison with the ISO committee;

• Specific ISO member bodies, international organizations or regions of the world that the ISO committee would like to contribute to its work;

• Any identified lack of participation or representation of the concerns of significant companies or other stakeholders via ISO member bodies, and the possible reasons for this lack of participation;

• Any efforts to improve representation and participation in the ISO committee, including actions to encourage participating ISO member bodies to better incorporate the concerns of specific stakeholders in their positions and delegations.

---

5. OBJECTIVES OF THE ISO/TC AND STRATEGIES FOR THEIR ACHIEVEMENT

5.1 Defined objectives of the ISO/TC

Drafting Instructions

Provide text describing the objectives of the ISO committee. This section should identify priority areas in the work of the committee and link the priorities in the committees' work with the major trends in the business, technological, environmental and social fields and markets addressed by the committee.

In developing these objectives it is helpful to keep in mind the following key criteria, otherwise known as "SMART targets": Try to make your objectives Specific, Measurable, Achievable, Results-oriented, and Time-bound.

Example of a possible objective:
The TC will elaborate a package of International Standards in the XXXXX sector including aspects 1, 2 and 3, but excluding aspects A, B and C (as aspects A, B, and C are not sufficiently developed yet for standardization purposes), which will be available by 2005-05-31. International Standards concerning aspects A, B and C will be developed once the state of the art is better defined.

5.2 Identified strategies to achieve the ISO/TC's defined objectives

Drafting Instructions

Provide text that addresses how the ISO committee has used or intends to use specific strategies to achieve its objectives and how these objectives are related to the major market trends (see section 2) and the overall priorities of the work of the committee. Such strategies may include:

• Prioritization of projects (for example, developing terminology standards first, then test methods, etc.);

• Use of available national, regional or other standards (such as CEN standards via the Vienna Agreement) as source documents on which to base International Standards;

• The way in which the ISO committee work will be conducted (for example, correspondence, physical meetings, teleconferences, e-mail, Internet, need for translation in meetings, etc.);

• Necessary co-operation and liaisons with other ISO committees and/or external standards developing organizations;

• Use of the various ISO deliverables (International Standards, Technical Specifications, Publicly Available Specifications, Technical Reports, International Workshop Agreements);

• Specific needs for pre/co-normative research to support the ISO committee's work program should be indicated so that an analysis can be made to detect any timing or funding difficulties;

• The specific structure of the ISO committee (TC, SCs, WGs) and why the ISO committee chose this particular structure should be explained.

6. FACTORS AFFECTING COMPLETION AND IMPLEMENTATION OF THE ISO / TC WORK PROGRAMME

Drafting Instructions

Describe any factors that could negatively impact the completion or business community acceptance and use of the standards developed by the ISO committee. Examples of such factors could include:

• ISO committee chairperson, secretary, convenor or project leader/editor positions are vacant;

• Expert resources are not sufficiently available (for certain projects);

• Specific expertise for a project is lacking, which could affect the project's development as well as the credibility of the resulting standard in the business community;

• Validation of a test method is dependent upon funding being available to undertake the necessary pre/co-normative research;

• Legal/regulatory issues such as uncertainties regarding a possible EC Directive, which in turn may necessitate modifications of the content and target dates for projects in the work program.

7. STRUCTURE, CURRENT PROJECTS AND PUBLICATIONS OF THE ISO/TC

Drafting Instructions

This section gives an overview of the ISO/TC's structure, scope, projects and publications. The requirements for strategic business plans of ISO technical committees are given here:

Requirements of strategic business plans of ISO technical committees

Please include the following in this section:

- priorities assigned to projects in the work programme (if the committee assigns priorities) with an explanation of the reasons/process for prioritization;
- relationships of projects to European regional standardization (CEN);
- time allocated to each project by working group convenors, project leaders/editors and for translation; and
- the range of stakeholders that should be engaged based on the subject area being standardized.

Information on ISO online

The link below is to the TC's page on ISO's website:
ISO TC XXX on ISO Online (replace this link with a link to the correct TC page from the list)
Click on the tabs and links on this page to find the following information:
- About (Secretariat, Secretary, Chair, Date of creation, Scope, etc.)
- Contact details
- Structure (Subcommittees and working groups)
- Liaisons
- Meetings
- Tools
- Work programme (published standards and standards under development)

Reference information

Glossary of terms and abbreviations used in ISO/TC Business Plans
General information on the principles of ISO's technical work

A.16　工作组召集人任命书

WG Convenor-Appointment

ISO TC Click here to enter text. /**SC** Click here to enter text. /**WG** Click here to enter text.
WG title： Click here to enter text.

Please complete and return this form to the Central Secretariat as soon as possible.

☐ Dr ☐ Mr ☐ Mrs ☐ Ms	**Surname：** **First name：**
Professional address	

Country	
Telephone	
Email	

WG project（s）

☐ This nomination has been confirmed by the National Standards Body of the Convenor

Secretary of ISO/TC /SC   Name and signature   Date

A.17 分委员会主席任命

SC Chair-Appointment

ISO TC /SC
SC title:

Please complete and return this form to the TC secretariat with a copy to the ISO Central Secretariat.

NOTE：There is a maximum 9-year term for TC and SC Chairs（see the ISO/IEC Directives Part 1 and Consolidated ISO Supplement，clause 1.8.1）. If seeking a re-appointment that is an exception to this maximum 9-year rule you need（in addition to this form）a resolution from the SC and a justification for the request，including a commitment from the SC to put in place a succession plan to find a new Chair at the end of the extended term.

☐ Dr ☐ Mr ☐ Mrs ☐ Ms	Surname： First name：
Professional address	
Country	
Telephone	
Email	
Term as Chair （e.g. 2015-2017）	

Selection criteria

Annex SQ of the Consolidated ISO Supplement lists the selection criteria for people leading the technical work. Please provide details of how the nominated person fulfils the following key criteria (for the full list see Annex SQ 3. 1. 1)

Sector knowledge	Existing role and good reputation in the sector.
Leadership skills	Can lead and inspire delegates and experts from the sector towards consensus; relevant professional experience with previous experience of chairmanship; develop solutions through innovative and creative thinking in a consensus environment.
Commitment	Ability to commit time and resources to the role.
Other relevant training/experience	For example, present or former activities relevant to the work of the TC; training in ISO/IEC Directives.

☐ This nomination has been confirmed by the National Standards Body of the Chair

Secretary of ISO/TC   Name and signature   Date
/SC

A.18 技术委员会主席任命

TC Chair-Appointment

ISO TC:
TC title:

Please complete and return this form to the ISO Central Secretariat, along with a CV.

NOTE: There is a maximum 9-year term for TC and SC Chairs (see the ISO/IEC Directives Part 1 and Consolidated ISO Supplement, clause 1.8.1). If seeking a re-appointment that is an exception to this maximum 9-year rule you need (in addition to this form) a resolution from the TC and a justification for the request, including a commitment from the TC to put in place a succession plan to find a new Chair at the end of the extended term.

☐ Dr ☐ Mr ☐ Mrs ☐ Ms	Surname: First name:
Professional address	
Country	
Telephone	
Email	
Term as Chair (e. g. 2015-2017)	

Selection criteria

Annex SQ of the Consolidated ISO Supplement lists the selection criteria for people leading the technical work. Please provide details of how the nominated person fulfils the following key criteria (for the full list see Annex SQ 3. 1. 1)

Sector knowledge	Existing role and good reputation in the sector.
Leadership skills	Can lead and inspire delegates and experts from the sector towards consensus; relevant professional experience with previous experience of chairmanship; develop solutions through innovative and creative thinking in a consensus environment.
Commitment	Ability to commit time and resources to the role.
Other relevant training/experience	For example, present or former activities relevant to the work of the TC; training in ISO/IEC Directives.

⊠ This nomination has been confirmed by the National Standards Body of the Chair

Secretary of ISO/TC	Name and signature	Date

附录 B 图形符号的标准化程序

B. 1 引言

本附录描述了提交及后续批准和注册（需要时）ISO 文件中出现的所有图形符合时应采用的程序。

在 ISO 内，协调图形符号制定的责任分成两个主要领域，分别由以下两个委员会承担：

——ISO/TC145：所有图形符号（用于技术产品文件的图形符号除外）（见 ISO/TC145 网站）；

——ISO/TC 10：技术产品文件用图形符号（tpd）（见 ISO/TC10 网站）。

此外，还要与 IEC/TC3（信息结构、文件和图形符号）和 TC3/SC 3C（设备用图形符号）进行协调。

图形符号标准化的基本目的是：

——满足用户要求；

——确保对所有相关 ISO 委员会的利益都予以考虑；

——确保图形符号是唯一的，并且符合一致的设计准则；

——确保图形符号不重复或避免不必要的增殖。

新图形符号标准化的基本步骤是：

——确定要求；

——精心制作；

——评价；

——批准（需要时）；

——注册；

——出版。

所有步骤均应当以电子手段完成。

——新的或修改的图形符号的提案可由 ISO 委员会，ISO 委员会的联络成员或任何 ISO 成员组织提交（以下统称提案提交者）。

——每个被批准的图形符号都将被分配给一个唯一的编号，以便于通过一个注册表对其管理和标识。这个注册表提供可采用电子表格检索的信息。

——应在尽早阶段通过 ISO/TC 145 或 ISO/TC 10 与相关产品委员会之间联络和对话解决与图形符号的相关要求和指导规则之间的冲突问题。

B.2 技术产品文件图形符号以外的所有图形符号

B.2.1 概述

在 ISO 内，ISO/TC 145 负责图形符号（tpd 除外）领域的标准化的全面协调，其职责包括：

——图形符号领域的标准化以及颜色和形状（只要这些要素是用于表达符号信息的组成部分，例如一个安全标准的标志）的标准化；

——建立制定、协调和应用图形符号的原则；全面负责评价和协调现行的、在研的或拟建立的图形符号。

文字、数字、标点、数学标识和符号及数量和单位符号标准化除外。但是，这些要素可以作为图形符号的组成部分。

ISO/TC 145 的评价和协调任务适用于所有那些负责其特定领域图形符号的创建和标准的委员会。

ISO / TC 145 已将这些职责分配如下：

——ISO/TC 145/SC 1：公共信息符号；

——ISO/TC 145/SC 2：安全标识、标志、形状、符号和颜色；

——ISO/TC 145/SC 3：设备用图形符号。

用于设备的图形符号还与 ISO / TC 10 和 IEC，特别是与 IEC / SC 3C 有联系。

B.2.2 提案的提交

提案提交者应使用相关申请表格尽快地将提案提交到 ISO/TC 145 的相关分委员会，以便及时评审和评论。建议提交者在 CD 阶段进行提案的提交。如果是国际标准，提案的提交时间不应晚于第一个征询意见阶段（即 DIS 或 DAM）。

提交图形符号提案之前，提案提交者应当：

——能够证明对提案的图形符号的需求；

——查阅了相关的 ISO 和/或 IEC 图形符号标准，以免与现有的已标准化的图形符号重复，并检查是否与已标准化的图形符号或图形符号族一致；

——根据相关标准和指南创建提案的图形符号，包括设计原则和接受准则。

B.2.3 提案的图形符号的标准化程序

收到提案后，ISO/TC 145 的相关分委员会应在两个月内评审提交的申请表，检查申请表填写的是否正确以及是否正确地提供了有关的图形文件。必要时，将邀请提案提交者修改他的申请，重新提交。

一收到正确填写的申请表格，就应启动正式评审过程，评审提交的提案与标准化的图形符号的一致性、有关设计原则和接受准则。

当正式评审过程完成时应将评审结果通知提案提交者，并附有改进提案的建议。需要时提案提交者将被邀请修改他的提案，再次提交进行进一步评审。

应遵循在 ISO/TC 145 有关分委员会网站上列出的程序：

——ISO/TC 145/SC 1：公共信息符号（www. iso. org. tc145/sc1）；

——ISO/TC 145/SC 2：安全标识、标志、形状、符号和颜色（www. iso. org/tc/sc2）；

——ISO/TC 145/SC 3 设备用图形符号（www. iso. org/tc145/sc3）。

这些网站还提供提交提案用的申请表格。ISO/TC 145 批准的图形符号应被分配一个限定的编号并应放在相关的 ISO/TC 145 标准中。

注：特殊情况下，在 TMB 批准的 ISO 标准中可以包括非注册的符号。

B.3　用于技术产品文件的图形符号（tpd）（ISO/TC 10）

ISO/TC 10 全面负责产品技术文件（tpd）图形符号领域的标准化工作。其职责包括：

——维护 ISO81714-1：用于技术产品文件中图形符号的设计第 1 部分：基本规则（与 IEC 合作）；

——用于技术产品文件的图形符号标准化，与 IEC 协调；

——建立和维护图形符号数据库，包括注册编号的管理。

ISO/TC 10 已把上述职责分配给 ISO/TC 10/SC 10。ISO/TC 10/SC 10 秘书处下设一个维护组支持这方面的工作。

确定了需要制定或修订图形符号的任何委员会，应尽快把提案交给 ISO/TC 10/SC 10 分委员会秘书处进行评审，一旦获得批准，即给分配注册号。

附录 C ITU-T/ITU-R/ISO/IEC 的共用专利政策实施指南

（2015 年 6 月 26 日实施，第二次修订）

C.1 目的

ITU【它的电信标准化局（ITU-T）和无线电通信局（ITU-R）】、ISO 和 IEC 在多年前就制定了各自的专利政策，其目的是给参加各自组织的技术团体在遇到专利权问题时提供简单明了的使用指导。

考虑到技术专家通常并不熟悉复杂的专利法问题，ITU-T/ITU-R/ISO/IEC 的专利政策（以下简称"专利政策"）的操作部分以核查表形式予以表述。如果某建议书/可交付使用文件要求部分或全部实施或实现专利许可，核查表则覆盖可能出现的三种不同情况。

ITU-T/ITU-R/ISO/IEC 的共用专利政策实施指南（以下简称"指南"）的目的在于说明该专利政策并为其实施提供便利。专利政策可以从 ITU，ISO 或可在附录 1 中或在各自组织网站复印。

该专利政策鼓励尽早披露和标识那些可能与正在制定的建议书/可交付使用文件有关的专利。早期披露和标识可能提高标准制定效率并且可能避免潜在的专利权问题。

ITU、ISO 和 IEC 不应该介入有关建议书/可交付使用文件的专利适当性或必要性评价，不干涉专利许可谈判，不参与解决关于专利的争端，所有这些-如同过去的做法-都应该留给有关当事人处理。

ITU、ISO 和 IEC 各自的专用规定包含在本文件第二部分。不过，应该明白，ITU、ISO 和 IEC 的专用规定不应与共用专利政策和共用指南发生矛盾。

C.2 术语解释

贡献（Contribution）
任何文件都应由技术主体提交以供考虑。

免费（Free of charge）
"免费"一词并不意味着专利持有人放弃必要专利有关的全部权利，更确切地说，"免费"是指金钱补偿方面的问题，即专利持有人不寻求将任何金钱补偿作为专利许可协议的一部分（无论这类补偿称作专利使用费还是叫作一次性授予许可费等）。不过，尽管专利持有人承诺不收取费用，但专利持有人仍然有权要求相关文件的实施者签署一项许可协议，其中包含其他合理的期限和条件，例如有关管制法、使用领域、互惠、担保等。

组织（Organizations）
特指 ITU、ISO 和 IEC。

专利（Patents）

专利一词意思是基于发明唯一性的程度以专利权、实用新型及相关法定权利的形式提出的被保护及鉴别的主张（包括其中任一点的应用）从某种程度上来说任何那样的主张对于一个建议书和可交付成果的实施都是必不可少的。重要专利是必须实施特定的推荐/可交付的专利。

专利持有人（Patent Holder）

拥有、控制专利或者有能力给予专利许可的人或者实体。

互惠（Reciprocity）

本文件使用的"互惠"一词的含义是：只有当许可证申请人承诺为免费或在合理的期限和条件下，实施上述同一个文件而授予他自己的必要专利或必要专利主张，才应要求专利持有人向该申请人授予其专利许可。

建议书/可交付使用文件（Recommendations/Deliverables）

建议书是 ITU-T 和 ITU-R 建议书的简称，可交付使用文件是 ISO 可交付使用文件和 IEC 可交付使用文件的简称。在附件 2 给出的《专利陈述和许可声明表》（以下简称声明表）中，建议书/可交付使用文件的各种类型统称为文件类型。

技术团体（Technical Bodies）

ITU-T 和 ITU-R 的研究组、分组和其他小组，以及 ISO 和 IEC 的技术委员会、分委员会和工作组。

C.3 专利披露

根据专利政策第 1 段的规定，参加 ITU、ISO 或 IEC 工作的任何当事人一开始就应该提请注意自己组织或是其他组织已知的任何专利或已知的正在处理的专利申请。

在这种情况下，"一开始"意味着应该在建议书/可交付使用文件制定期间尽可能早地披露上述信息。制定期间出现的第一个文本草案也许不可能做到这一点，因为此时的文本也许还不够清晰或其后还需要进行重大修改。而且，应该诚实地且尽最大努力提供这方面信息，不过并不要求进行专利查询。

除上述要求外，没有参与技术团体的任何当事人也可以提请 ITU、ISO 或 IEC 注意已知的任何专利（这些团体自己的或任何第三方的专利）。

在披露他们自己的专利时，专利持有人必须按照本指南第 4 条规定填写《专利陈述和许可声明表》（简称声明表）。

提请注意任何第三方专利的来文应该以书面形式交与相关组织。如果适用，潜在的专利持有人将由相关组织要求提交声明表。

专利政策和本指南中的指导规则也适用于在建议书/可交付使用文件批准后披露的或提请 ITU、ISO 和/或 IEC 注意的任何专利。

无论专利是在建议书/可交付使用文件批准之前还是批准之后标识的，如果专利持有人不愿意按照专利政策的 2.1 或 2.2 授予许可，ITU、ISO 和/或 IEC 将迅速通告负责受影响的建议书/可交付使用文件的技术团体，以便采取相应的措施。这类措施包括（但是可以不限于）审查该建议书/可交付使用文件或其草案，以便消除潜在的矛盾，或者进一步检查并澄清引起矛盾的技术考虑。

C.4 专利陈述和许可声明表

C.4.1 声明表的目的

为了在 ITU、ISO 和 IEC 的专利信息数据库中提供清楚的信息，专利持有人必须使用声明表。这个表格可以通过 ITU、ISO 和 IEC 的网站找到（附件 2 作为信息给出了这个表格）。声明表必须提交到 ITU、ISO 和/或 IEC，对于 ITU，提请 ITU-TSB 或 ITU-BR 局长的注意，对于 ISO/IEC，提请首席执行官的注意。声明表的目的是确保专利持有人以标准化的形式向各组织提交声明。

申报格式为专利申请人提供了制作在专利中审批申报相关权利的方式，这对于特定建议书及可交付成果的实施是必须的。特别是，通过提交该申请表，提交当事人表明了其给予许可的自愿行为（表中选择 1 或 2 选项）或者其给予许可的不情愿行为（选择表中的 3 选项）。根据专利政策，由它拥有的专利和许可将应用或部分/全部实施于具体的推荐/可交付项目。

如专利持有人在申请表中选择许可选项 3，那么，对于引用的相关 ITU 推荐项目，ITU 要求专利拥有人提供某些允许专利身份的附加信息，对于 ISO 和 IEC，ISO 和 IEC 积极鼓励（但不要求）专利持有人提供某些允许专利身份的附加信息。

如果专利拥有人希望在申请表不同选项中确定几个专利或把他们归类用于同一推荐/可交付项目，或者专利拥有人在申请表不同选项中确定一个复杂标准的不同要求，都可以使用多功能申请表。

如有明显错误，如标准印刷错误或专利参考数码，申请表中的信息可以修正。申请表中许可声明保持强制性，除非申请表被另一份具有更优惠许可项目和条件的申请表取代，其包括许可人反馈的下列情况：（a）将申请表中选项 3 换成选项 1 或选项 2；（b）提交的变化将选项 2 改成选项 1；（c）取消选项 1 或选项 2 中的一个或更多的子选项。

C.4.2 联系信息

在填写声明表时，应该注意提供长期有效的联系信息。在恰当的位置标注出姓名和部门以及电子邮件地址等信息。只要可能，当事人（特别是多国组织）最好在提交的所有声明表上给出同一个联系地点。

为了在 ITU、ISO 和/或 IEC 的专利信息数据库中维持最新信息，要求对过去提交的声明表的任何变更或修改（特别是与联系人有关的信息变更）通知 ITU、ISO 和 IEC。

C.5 会议

早期披露专利有利于提高建议书/可交付使用文件制定过程的效率。因此，对于每个技术团体在制定建议书/可交付使用文件（建议）期间都要求披露任何已知的建议书/可交付使用文件（建议）中的必要专利。

技术团体的主席必要时在每次会议的适当时间，询问是否有人知道为实施或实现所考虑的建议书/可交付使用文件可能需要使用的专利。应该在会议报告中记录询问问题的实情以及任何肯定的答复。

只要有关的 ITU、ISO 和 IEC 没有收到专利持有人选择专利政策的说明，就可以运用本组织合适的相应规则批准该建议书/可交付使用文件。希望在技术团体讨论时考虑建议书/可交付使用文件中纳入的专利内容，不过，技术团体可以不负责所主张的任何专利的必要性、范围、有效性或具体的许可期限。

C.6 专利信息数据库

为了促进标准制定过程和建议书/可交付使用文件的应用，ITU、ISO 和 IEC 都向公众提供一个专利信息数据库，其中的信息是以声明表的形式传递给 ITU、ISO 和 IEC。专利信息数据库可能包含特定专利的信息，或可能没有包含此种信息，而是包含针对某个具体建议书/可交付使用文件符合专利政策的陈述。

专利信息数据库不保证信息的准确性和完备性，仅仅反映已经传递给 ITU、ISO 和 IEC 的信息。因此，专利信息数据库可以看成是树起的一面旗帜，用于提醒用户；这些用户可能希望与那些已经向 ITU、ISO 和/或 IEC 提交声明表的实体联系，以便确定为使用或实施某个具体建议书/可交付使用文件是否必须获得专利使用许可。

C.7 专利权的分配或转让

在专利声明和许可申报表中明确规定了分配或转让专利权的规则。通过遵守这些规则，在分配或转让专利权后，专利权人将免除对许可承诺的义务和责任。当然，这些规则并不是为了强迫专利权人遵守许可承诺。

附录 D 术语缩略语

ISO 组织机构缩略语 表 D-1

缩写	英文全称	中文全称
ISO	International Organization for Standardization	国际标准化组织
TMB	Technical Management Board	技术管理局（TMB）
CASCO	Committee on Conformity Assessment	合格评定委员会
COPOLCO	Committee on Consumer Policy	消费者政策委员会
DKVCO	A committee to support developing countries	发展中国家事务委员会
CERTICO	Certification Committee	认证委员会
P-member	Participating Member	积极成员
O-member	Observer Member	观察员
WG	Working Group	工作组
QSAR	Quality System Accreditation International Recognition Program	质量体系认可国际承认计划
CSC/FIN	Council Standing Committee on Finance	财务委员会
CS	Central Secretariat	中央秘书处
CSC/STRAT	Council Standing Committee on Strategy and Policy	战略委员会
TC	Technical Committee	技术委员会
REMCO	Committee on Reference Materials	标准样品委员会
TAG	Technical Advisory Group	技术咨询组
JTAB	Joint Technical Advisory Committee	联合技术顾问委员会
SC	Sub-Committee	分委员会
PC	Project Committee	项目委员会
CAG	Chairman's Advisory Working Group	主席顾问工作组

国际/国家组织机构 表 D-2

缩写	英文全称	中文全称
ISA	International Standardization Association	国际标准化协会
UNSCC	United Nations Standards Coordinating Committee	联合国标准协调委员会
WTO	World Trade Organization	世界贸易组织
IEC	International Electrotechnical Commission	国际电工委员会
UN/ECE	United Nations Economic Commission for Europe	联合国欧洲经济委员会
ILAC	International Laboratory Accreditation Cooperation	国际实验室认可合作组织
IAF	International Accreditation Forum	国际认可论坛
CENELEC	Comite Europeen de Normalisation Electrotechnique	欧洲电工标准化委员会
EOTC	European Organization of Testing and Certificaition	欧洲测试和认证组织
NAFTA	North American Free Trade Association	北美自由贸易协会

续表

缩写	英文全称	中文全称
ASEAN/ACCSQ	Association of Southeast Asian Nations/Accreditation Committee	东南亚联盟质量体系认可委员会
SN	Standards Norway	挪威标准协会
SA	Standards Australia	澳大利亚标准协会
ANSI	American National Standards Institute	美国国家标准协会
DIN	Deutsches Institut fur Normung	德国标准化协会
NEN	Nederlands Normalisatie-instituut	荷兰标准化协会
BSI	British Standards Institution	英国标准协会
SAC	Standardization Administration of China	中国国家标准化管理委员会
JISC	Japanese Industrial Standards Committee	日本工业标准委员会
UNE	Una Norma Espanola	西班牙标准
AFNOR	Association francaise de normalisation	法国标准化协会
SABS	South African Bureau of Standards	南非标准局
SII	Standards Institution of Israel	以色列标准协会
ICONTEC	Instituto Colombiano de Normas Tecnicasy Certificacion	哥伦比亚技术标准与认证协会
KATS	Korean Agency for Technology and Standards	韩国技术标准署
NBN	Institut belge de normalisation	比利时标准化协会
PKN	Polish Committee for Standardization	波兰标准化委员会
UNI	Ente Nazionale Italiano di Unificazione	意大利国家标准化协会
SIS	Swedish Standards Institute	瑞典标准协会
SCC	Standards Council of Canada	加拿大标准理事会
ITU	International Telecommunication Union	国际电信联盟
IEA	International Energy Agency	国际能源署
SHC	Solar Heating and Cooling Programme	太阳能供热制冷委员会
ISES	International Solar Energy Society	国际太阳能学会
ESTIF	The European Solar Thermal Industry Federation	欧洲太阳能热利用产业联盟
IAPMO	International Association Plumbing and Mechanical Offcials	美国国际管道暖通器械协会
GSC-NW	Global Solar Certification Network	全球太阳能统一认证体系
CIE	Commission Internationale de lEclairage	国际照明委员会

出版物缩略语 **表 D-3**

缩写	英文全称	中文全称
IS	International Standard	国际标准
TS	Technical Specification	技术规范
PAS	Public Available Specification	可公开获取的规范
TR	Technical Report	技术报告
WTO/TBT	World Trade Organization Technical Barriers to Trade	世界贸易组织贸易技术壁垒协议

国际标准编写阶段缩略语

表 D-4

缩写	英文全称	中文全称
PWI	Preliminary Work Item	预工作项目
NWIP	New Work Item Proposal	新工作项目提案
WD	Work Draft	工作草案
CD	Committee Draft	委员会草案
DIS	Draft International Standard	询问草案
FDIS	Final Draft International Standard	最终国际标准草案

附录 E ISO/IEC 导则 1 目录（2018 版）

ISO/IEC 导则 1 目录（2018 版）　　　　　　　　　　　　　　　表 E-1

章节编号	标题
1	**技术工作的组织结构和职责**
1.1	技术管理局（TMB）的任务
1.2	技术管理局（TMB）咨询组
1.3	联合技术工作
1.4	首席执行官的职责
1.5	技术委员会的设立
1.6	分委员会的设立
1.7	参加技术委员会和分委员会工作
1.8	技术委员会和分委员会主席
1.9	技术委员会和分委员会秘书处
1.10	项目委员会
1.11	编辑委员会
1.12	工作组
1.13	委员会中具有咨询职能的小组
1.14	临时工作组
1.15	技术委员会之间的联络
1.16	ISO 与 IEC 之间的联络
1.17	与其他组织的联络
2	**国际标准的制定**
2.1	项目方法
2.2	预研阶段
2.3	提案阶段
2.4	准备阶段
2.5	委员会阶段
2.6	征询意见阶段
2.7	批准阶段
2.8	出版阶段
2.9	可提供使用文件的维护
2.10	技术勘误表及修改单
2.11	维护机构
2.12	注册机构
2.13	版权
2.14	专利项目的引用（见附录 I）
3	**其他可提供使用文件的制定**
3.1	技术规范

章节编号	标题
3.2	可公开获取的规范（PAS）
3.3	技术报告
4	**会议**
4.1	一般原则
4.2	召开会议的程序
4.3	会议语言
4.4	会议取消
4.5	文件分发
4.6	委员会会议的远程参与
5	**申诉**
5.1	一般原则
5.2	对分委员会决定的申诉
5.3	对技术委员会决定的申诉
5.4	对技术管理局（TMB）决定的申诉
5.5	申诉期间工作的运行
附录 A	（规范性）指南
附录 B	（规范性）ISO/IEC 联络和分工程序
附录 C	（规范性）对制定标准提案的论证
附录 D	（规范性）秘书处资源和秘书资格
附录 E	（规范性）语言使用通则
附录 F	（规范性）项目进展的选择
附录 G	（规范性）维护机构
附录 H	（规范性）注册机构
附件 I	（规范性）ITU T/ITU R/ISO/IEC 共用专利政策的实施指南
附录 J	（规范性）编制技术委员会和分委员会工作范围
附录 K	（规范性）项目委员会
ISO 补充附录	
附录 SA	（规范性）ISO 行为准则
附录 SB	（规范性）文件分发
附录 SC	（规范性）战略业务计划
附录 SD	（规范性）项目阶段的矩阵表
附录 SE	（规范性）文件编号
附录 SF	（规范性）承办会议
附录 SG	（规范性）ISO 标准的第 2 种（和后续的）语言文本
附录 SH	（规范性）图形符号的标准化程序
附录 SI	（规范性）国际专题研讨会协议（IWA）的制定程序

章节编号	标题
附件 SJ	（规范性）格式
附件 SK	（规范性）公布委员会会议文件的最后期限
附件 SL	（规范性）管理体系标准的建议
附录 SM	（规范性）ISO 技术工作和出版物的全球相关性
附录 SN	（当前空白——为新附录保留位置）
附录 SO	（规范性）制定支持或与公共政策倡议有关的 ISO 和 IEC 标准的原则
附录 SP	（规范性）环境管理-部门、方面和要素政策
附录 SQ	（规范性）选择领导技术工作人选的原则
附件 SR	（规范性）限制对可交付物的目的或用途
附录 SS	（规范性）委员会草案阶段的可选择使用-委员会的指南
参考文献	

附录F 住房城乡建设领域国际标准化技术机构（TC/SC）归口管理及国内技术对口单位情况

住房城乡建设领域国际标准化技术机构（TC/SC）归口管理及国内技术对口单位情况　表F-1

序号	编号	名称	秘书处	相关性	国内技术对口单位
1	ISO/TC 10/SC 8	技术产品文件——施工文件 Technical product documentation——Construction documentation	瑞典	归口管理	中国建筑标准设计研究院有限公司
2	ISO/TC 17/SC 16	钢——钢筋和预应力混凝土用钢 Steel——Steels for the reinforcement and pre-stressing of concrete	挪威SN	部分相关	冶金工业信息标准研究院
3	ISO/TC 21/SC 3	防火和灭火设备——火灾探测和报警系统 Equipment for fire protection and fire fighting——Fire detection and alarm systems	澳大利亚SA	部分相关	应急管理部消防救援局
4	ISO/TC 21/SC 5	防火和灭火设备——用水的固定式灭火系统 Equipment for fire protection and fire fighting——Fixed firefighting systems using water	美国ANSI	部分相关	应急管理部消防救援局
5	ISO/TC 21/SC 11	防火和灭火设备——烟雾和热量控制系统及组件 Equipment for fire protection and fire fighting——Smoke and heat control systems and components	德国DIN	部分相关	应急管理部消防救援局
6	ISO/TC 43/SC 2	声学——建筑声学 Acoustics——Building acoustics	德国DIN	完全相关	中国科学院；（全国声学标准化技术委员会）
7	ISO/TC 59	建筑与土木工程 Buildings and civil engineering works	挪威SN	归口管理	中国建筑标准设计研究院有限公司
8	ISO/TC 59/SC 2	术语和语言协调 Terminology and harmonization of languages	英国BSI	归口管理	中国建筑标准设计研究院有限公司
9	ISO/TC 59/SC 8	密封胶 Sealants	中国SAC	完全相关	上海橡胶制品研究所；中化化工标准化研究所
10	ISO/TC 59/SC 13	建筑和土木工程的信息组织和数字化，包含建筑信息模型（BIM） Organization and digitization of information about buildings and civil engineering works, including building information modelling (BIM)	挪威SN	归口管理	中国建筑标准设计研究院有限公司

序号	编号	名称	秘书处	相关性	国内技术对口单位
11	ISO/TC 59/SC 14	设计寿命 Design life	英国 BSI	归口管理	中国建筑标准设计研究院有限公司
12	ISO/TC 59/SC 15	住宅性能描述的框架 Framework for the description of housing performance	日本 JISC	归口管理	中国建筑标准设计研究院有限公司
13	ISO/TC 59/SC 16	建筑环境可及性和可用性 Accessibility and usability of the built environment	西班牙 UNE	归口管理	中国建筑标准设计研究院有限公司
14	ISO/TC 59/SC 17	建筑与土木工程可持续性 Sustainability in buildings and civil engineering works	法国 AFNOR	归口管理	中国建筑标准设计研究院有限公司
15	ISO/TC 61/SC13	塑料——复合和增强纤维 Plastics——Composites and reinforcement fibres	日本 JISC	部分相关	南京玻璃纤维研究设计院有限公司
16	ISO/TC 71	混凝土、钢筋混凝土及预应力混凝土 Concrete, reinforced concrete and pre-stressed concrete	美国 ANSI	归口管理	中国建筑科学研究院有限公司
17	ISO/TC 71/SC 1	混凝土试验方法 Test methods for concrete	以色列 SII	归口管理	中国建筑科学研究院有限公司
18	ISO/TC 71/SC 3	混凝土生产及混凝土结构施工 Concrete production and execution of concrete structures	挪威 SN	归口管理	中国建筑科学研究院有限公司
19	ISO/TC 71/SC 4	结构混凝土性能要求 Performance requirements for structural concrete	美国 ANSI	归口管理	中国建筑科学研究院有限公司
20	ISO/TC 71/SC 5	混凝土结构简化设计标准 Simplified design standard for concrete structures	哥伦比亚 ICONTEC	归口管理	中国建筑科学研究院有限公司
21	ISO/TC 71/SC 6	混凝土结构非传统配筋材料 Non-traditional reinforcing materials for concrete structures	日本 JISC	归口管理	中国建筑科学研究院有限公司
22	ISO/TC 71/SC 7	混凝土结构维护与修复 Maintenance and repair of concrete structures	韩国 KATS	归口管理	中国建筑科学研究院有限公司
23	ISO/TC 74	水泥和石灰 Cement and lime	比利时 NBN	部分相关	中国建筑材料科学研究总院
24	ISO/TC 77	纤维增强水泥制品 Products in fibre reinforced cement	比利时 NBN	部分相关	苏州混凝土水泥制品研究院有限公司
25	ISO/TC 86/SC 6	制冷与空调——空调器和热泵的试验和评定 Refrigeration and air-conditioning——Testing and rating of air-conditioners and heat pumps	美国 ANSI	归口管理	中国建筑科学研究院有限公司
26	ISO/TC 89	木基板材 Wood-based panels	德国 DIN	完全相关	中国林业科学研究院

续表

序号	编号	名称	秘书处	相关性	国内技术对口单位
27	ISO/TC 89/SC 1	纤维板 Fibre boards	澳大利亚 SA	完全相关	中国林业科学研究院
28	ISO/TC 89/SC 2	刨花板 Particle boards	澳大利亚 SA	完全相关	中国林业科学研究院
29	ISO/TC 89/SC 3	胶合板 Plywood	法国 AFNOR	完全相关	中国林业科学研究院
30	ISO/TC 92/SC 4	消防——防火安全工程 Fire safety——Fire safety engineering	法国 AFNOR	部分相关	应急管理部消防救援局
31	ISO/TC 96	起重机 Crane	中国 SAC	部分相关	北京起重运输机械设计研究院有限公司
32	ISO/TC 96/SC 6	移动式起重机 Mobile cranes	美国 ANSI	归口管理	中联重科股份有限公司
33	ISO/TC 96/SC 7	塔式起重机 Tower cranes	法国 AFNOR	归口管理	中联重科股份有限公司
34	ISO/TC 98	建筑结构设计基础 Bases for design of structures	波兰 PKN	归口管理	中国建筑科学研究院有限公司
35	ISO/TC 98/SC 1	术语和标志 Terminology and symbols	澳大利亚 SA	归口管理	中国建筑科学研究院有限公司
36	ISO/TC 98/SC 2	结构可靠度 Reliability of structures	波兰 PKN	归口管理	中国建筑科学研究院有限公司
37	ISO/TC 98/SC 3	荷载、力和其他作用 Loads, forces and other actions	日本 JISC	归口管理	中国建筑科学研究院有限公司
38	ISO/TC 116	供暖	—	归口管理	中国城市建设研究院
39	ISO/TC 127	土方机械 Earth-moving machinery	美国 ANSI	归口管理	天津工程机械研究院有限公司
40	ISO/TC 127/SC 1	安全和机械性能相关的测试方法 Test methods relating to safety and machine performance	英国 BSI	归口管理	天津工程机械研究院有限公司
41	ISO/TC 127/SC 2	安全性、工效学和一般要求 Safety, ergonomics and general requirements	美国 ANSI	归口管理	天津工程机械研究院有限公司
42	ISO/TC 127/SC 3	机械特性、电气电子系统，运行维护 Machine characteristics, electrical and electronic systems, operation and maintenance	日本 JISC	归口管理	天津工程机械研究院有限公司
43	ISO/TC 127/SC 4	术语、商业命名、分类和评级 Terminology, commercial nomenclature, classification and ratings	意大利 UNI	归口管理	天津工程机械研究院有限公司
44	ISO/TC 142	空气和其他气体的净化设备 Cleaning equipment for air and other gases	意大利 UNI	归口管理	中国建筑科学研究院有限公司
45	ISO/TC 144	通风		归口管理	中国建筑科学研究院有限公司

序号	编号	名称	秘书处	相关性	国内技术对口单位
46	ISO/TC 160	建筑玻璃 Glass in building	英国 BSI	完全相关	秦皇岛玻璃工业研究设计院有限公司
47	ISO/TC 160/SC 1	产品研究 Product considerations	英国 BSI	完全相关	秦皇岛玻璃工业研究设计院有限公司
48	ISO/TC 160/SC 2	应用研究 Use considerations	美国 ANSI	完全相关	秦皇岛玻璃工业研究设计院有限公司
49	ISO/TC 161	燃气和/或燃油的控制和保护装置 Control and protective devices for gas and/or oil	德国 DIN	归口管理	中国市政工程华北设计研究院有限公司
50	ISO/TC 162	门、窗和幕墙 Doors，windows and curtain walling	日本 JISC	归口管理	中国建筑标准设计研究院有限公司
51	ISO/TC 163	建筑环境热性能和用能 Thermal performance and energy use in the built environment	瑞士 SIS	完全相关	国家玻璃纤维产品质量监督检验中心
52	ISO/TC 163/SC 1	试验和测量方法 Test and measurement methods	德国 DIN	完全相关	国家玻璃纤维产品质量监督检验中心
53	ISO/TC 163/SC 2	计算方法 Calculation methods	挪威 SN	完全相关	国家玻璃纤维产品质量监督检验中心
54	ISO/TC 163/SC 3	绝热产品 Thermal insulation products	加拿大 SCC	完全相关	国家玻璃纤维产品质量监督检验中心
55	ISO/TC 165	木结构 Timber structures	加拿大 SCC	归口管理	中国建筑西南设计研究院有限公司
56	ISO/TC 167	钢铝结构 Steel and aluminium structures	挪威 SN	部分相关	冶金工业信息标准研究院
57	ISO/TC 167/SC 1	钢的材料和设计 Steel：Material and design [STANDBY]	挪威 SN	部分相关	冶金工业信息标准研究院
58	ISO/TC 167/SC 2	钢的制造和树立 Steel：Fabrication and erection [STANDBY]	—	归口管理	湖北省建筑工程总公司
59	ISO/TC 167/SC 3	铝结构 Aluminium structures [STANDBY]	挪威 SN	部分相关	冶金工业信息标准研究院
60	ISO/TC 178	电梯、自动扶梯和自动人行道 Lifts，escalators and moving walks	法国 AFNOR	归口管理	中国建筑科学研究院有限公司
61	ISO/TC 179	砌体结构-暂停 Masonry-STAND BY		归口管理	中国建筑东北设计研究院有限公司
62	ISO/TC 179/SC 1	Unreinforced masonry 非钢筋砌体	英国 BSI	归口管理	中国建筑东北设计研究院有限公司
63	ISO/TC 179/SC 2	Reinforced masonry 钢筋砌体	中国 SAC	归口管理	中国建筑东北设计研究院有限公司
64	ISO/TC 179/SC 3	Test methods 测试方法	英国 BSI	归口管理	四川省建筑科学研究院有限公司

续表

序号	编号	名称	秘书处	相关性	国内技术对口单位
65	ISO/TC 180	太阳能 Solar energy	澳大利亚 SA	部分相关	SAC TC 20；SAC TC 20/SC 6 中国标准化研究院
66	ISO/TC 180/SC 4	系统热性能、可靠性和耐久性 Systems-Thermal performance，reliability and durability	美国 ANSI	部分相关	中国标准化研究院
67	ISO/TC 182	土工学 Geotechnics	英国 BSI	部分相关	南京水利科学研究院
68	ISO/TC 195	建筑施工机械与设备 Building construction machinery and equipment	中国 SAC	归口管理	北京建筑机械化研究院有限公司
69	ISO/TC 195/SC 1	混凝土工程机械设备 Machinery and equipment for concrete work	日本 JISC	完全相关	北京建筑机械化研究院有限公司
70	ISO/TC 205	建筑环境设计 Building environment design	美国 ANSI	归口管理	中国建筑科学研究院有限公司
71	ISO/TC 214	升降工作平台 Elevating work platforms	美国 ANSI	归口管理	北京建筑机械化研究院有限公司
72	ISO/TC 224	涉及饮用水供应及废水和雨水系统的服务活动 Service activities relating to drinking water supply wastewater and stormwater systems	法国 AFNOR	归口管理	深圳市海川实业股份有限公司
73	ISO/TC 267	设施管理 Facility management	英国 BSI	部分相关	中机生产力促进中心
74	ISO/TC 268	可持续城市和社区 Sustainable cities and communities	法国 AFNOR	完全相关	中国标准化研究院
75	ISO/TC 268/SC 1	智慧社区基础设施 Smart community infrastructures	日本 JISC	归口管理	中国城市科学研究会
76	ISO/TC 274	光和照明 Light and lighting	德国 DIN	部分相关	北京半导体照明科技促进中心
77	ISO/TC 282	水回用 Water reuse	中国 SAC	完全相关	深圳市海川实业股份有限公司 中国标准化研究院
78	ISO/TC 282/SC 2	水回用——城市区域水回用 Water reuse—Water reuse in urban areas	中国 SAC	完全相关	深圳市海川实业股份有限公司 中国标准化研究院
79	ISO/TC 282/SC 4	水回用——工业水回用（中国） Water reuse—Water reuse in urban areas	中国 SAC	部分相关	南京大学 南京大学宜兴环保研究院
80	ISO/TC 291	家用燃气灶具 Domestic gas cooking appliances	德国 DIN	完全相关	中国五金制品协会

序号	编号	名称	秘书处	相关性	国内技术对口单位
81	ISO/PC 305	可持续的污水排放系统 Sustainable non-sewered sanitation systems	美国 ANSI 塞内加尔	归口管理	上海市环境工程设计科学研究院有限公司
82	ISO/TC 314	老龄化社会 Ageing societies	英国 BSI	部分相关	中国标准化研究院
83	ISO/PC 318	社区规模的资源型卫生处理系统 Community scale resource oriented sanitation treatment systems	美国 ANSI	归口管理	上海市环境工程设计科学研究院有限公司

附录 G 部分省市国际标准化鼓励政策

G.1 北京市

1. 北京市财政局、北京市质量技术监督局 2006 年共同发布的《北京市技术标准制 (修) 订专项补助资金管理办法》(京财经一〔2006〕2293 号),其中规定:
(1) 国际标准已经批准发布,补助金额不高于 50 万元;
(2) 国家标准已经批准发布,补助金额不高于 30 万元;
(3) 行业标准已经批准发布,补助金额不高于 20 万元;
(4) 本市地方标准已经批准发布,补助金额不高于 20 万元;
(5) 企业自主创新的技术,被国际标准、国家标准、行业标准及地方标准采纳的,给予不高于 15 万元的特别补助;
(6) 特别重大的标准制定项目,标准经批准发布后,补助金额可以突破前五项的限额,但不高于 100 万元。

2. 北京市中关村 2015 年发布《中关村国家自主创新示范区技术创新能力建设专项资金管理办法》(中科园发〔2015〕52 号),其中规定:
第十三条 支持企业或产业联盟主导制定技术标准。
(1) 对已公布的国家标准、行业标准以及已立项的国际标准提案,每项给予不超过 20 万元的资金支持;
(2) 对已公布的国际标准,每项给予不超过 50 万元的资金支持。若公布的国际标准项目曾在立项阶段获得资金支持,按照该年度国际标准发布项目实际支持金额减去立项阶段已支持金额的差额进行支持。
每家企业每年获得支持资金总额不超过 100 万元,每家产业联盟不超过 200 万元。
第十四条 支持标准化试点企业或试点产业联盟及负责人承担标准化专业技术委员会工作。
承担国际标准化技术委员会秘书处、分技术委员会秘书处及工作组秘书处工作,分别给予不超过 50 万元、30 万元和 20 万元的一次性资金支持;

G.2 上海市

1. 上海市人民政府 2006 年发布的《上海中长期科学和技术发展规划纲要(2006~2020 年)若干配套政策》(沪府〔2006〕1 号)提出要支持创造和掌握自主知识产权。在政府科技投入中安排专门经费,对本市单位和个人申请发明专利;企业和科研机构能形成自主知识产权的新产品研发;企业参与制定国际和国家技术标准,培育名牌产品和著

（驰）名商标以及知识产权试点、示范单位建设等，给予支持。

2. 上海市质量技术监督管理局 2015 年发布《上海市标准化优秀成果奖评审管理办法》（沪质技监标〔2015〕290 号）提出国际标准项目可以申报优秀技术成果奖。

G.3　天津市

天津市市场和质量监督管理委员会、市财政局 2017 年制定了《天津市标准化资助项目与资金管理办法（试行）》中规定标准化资助项目的资助标准为国际标准 20 万元、国家标准 8 万元、行业标准 4 万元、地方标准 2 万元。

G.4　重庆市

重庆市人民政府对牵头制定和获批国际、国家和行业标准的单位，分别给予 50 万元、30 万元、20 万元奖励。同时争取全市每年设立标准化专项经费 1000 万元，主要用于补助政府主导的国家标准、行业标准、地方标准制定及标准化试点示范建设等工作。

G.5　江苏省

1. 无锡市人民政府 2006 年发布《无锡市人民政府关于进一步推进技术标准战略的实施意见》（锡政发〔2006〕105 号）进一步建立和完善了相应的激励和资助政策，加大了扶持和政策倾斜力度：

（1）对于提出国际标准化组织标准研制项目，并作为标准主要起草单位的，资助经费 100 万元；

（2）对于提出国家标准研制项目，并作为标准主要起草单位的，资助经费 50 万元；

（3）对于提出行业标准研制项目，并作为标准主要起草单位的，资助经费 30 万元。

2. 常州市财政局会同常州市质量技术监督局 2018 年联合出台了《常州市标准体系建设奖励办法》（常质监发〔2018〕57 号），其中规定：主导制定国际标准，不高于 50 万元；新承担标准化专业技术组织秘书处工作。国际专业标准化技术委员会，不高于 50 万元；国际专业标准化分技术委员会，不高于 30 万元；国际专业标准化工作组，不高于 20 万元。

3. 江阴市人民政府 2017 年发布《关于知识产权强市建设的若干政策措施》（澄政发〔2017〕104 号）对积极参与技术标准战略工作的部门和企业设立了以下奖励办法：

支持加强标准化建设，鼓励企事业单位和社会组织积极参与国际、国内标准化活动，将具有自主知识产权的创新技术转化为标准。对企事业单位和社会组织参与标准化活动，作为国际、国家、行业（或团体、联盟、地方）标准第一起草单位的，分别给予最高 30 万元、20 万元和 10 万元的资助；对承担国际专业标准化技术委员会、分委员会和工作组秘书处工作的，分别给予最高 50 万元、30 万元和 10 万元的资助。

4. 徐州市财政局、徐州市知识产权局联合下发了关于印发《徐州市市级知识产权（专利）专项资金管理办法》的通知（徐财规〔2018〕1 号）中规定：对于企事业单位以自主创新并获得授权的专利技术为核心，发布国际标准的奖励 50 万元，发布国家标准的奖励 20 万元，发布行业标准的奖励 10 万元，发布地方标准的奖励 5 万元。

5. 苏州市人民政府 2018 年发布关于《构建一流创新生态建设创新创业名城的若干政策措施》的通知（苏府〔2018〕62 号），其中规定：先导产业技术形成国际标准、国家标准、行业标准的最高分别给予：100 万元，50 万元，20 万元。

G.6 浙江省

1. 浙江省人民政府办公厅于 2017 年印发《浙江省标准创新贡献奖管理办法（试行）》（浙政办发〔2017〕135 号）中规定奖励范围包括标准制（修）订项目：主导制（修）订国际标准化组织（ISO）、国际电工委员会（IEC）、国际电信联盟（ITU）及其他公认的国际组织发布的标准。

2. 杭州市人民政府《关于鼓励研制与采用先进技术标准的实施办法》规定，研制与采用先进技术标准的成果或行为经认定，可享受以下政策：

（1）经立项，牵头制定先进技术标准进行关键技术项目攻关的，给予不超过 20 万元的资助；经认定，制定完成国际标准、国家标准、行业标准、地方标准和技术规范的单位（第一起草单位，每项分别给予不超过 100 万元、30 万元、20 万元和 10 万元的奖励。同一项目不重复资助，但可以申请差额补贴）。

（2）成为国际标准化组织的成员单位或引进国家标准化专业技术委员会、分技术委员会的，分别给予不超过 50 万元、20 万元的奖励。

（3）参加应对国外技术性贸易壁垒的评议和应诉被国家采纳的，每宗给予不超过 20 万元的奖励。

3. 宁波市人民政府《关于全面推进和实施技术标准战略的若干意见》加大了扶持和奖励力度。市政府每年安排专项资金 300 万元，用于技术标准的奖励和推进工作。其中，对荣获"中国标准创新贡献奖"一、二、三等奖的项目，市政府分别一次性给予 30 万元、20 万元和 10 万元的奖励；对参与国际标准制（修）订或主持国家（行业）标准制（修）订的每项给予 20 万元的奖励；对承担国家标准化技术委员会（分技术委员会、工作组）秘书处工作的企事业单位给予 20 万元奖励。对在推进工作中发挥重要作用和取得显著成效的市级专业行业协会以及技术标准中介服务机构给予一定奖励。并要求各县（市）、区政府也应结合当地实际，研究制定和完善奖励政策，加大对实施技术标准战略成效显著的企事业单位和个人的奖励力度。

G.7 辽宁省

1. 辽宁省人民政府 2013 年发布《辽宁省人民政府关于实施标准化发展战略的意见》辽政发〔2013〕30 号中提出：企事业单位、科研机构参与国际标准、国家标准、行业标准和地方标准的研制费用，依据国家有关政策和《中共辽宁省委辽宁省人民政府关于加快推进科技创新的若干意见》（辽委发〔2012〕16 号）的规定，比照激励企业技术创新政策，享受税前加计扣除政策，引导和鼓励企业、社会加大对标准化活动的投入。

2. 沈阳市经委制定的《市经委关于加强工业企业自主创新的若干政策》对于支持企

业研制技术标准的鼓励政策有：对被批准为国际标准的，资助研发经费 50 万元，被批准为国家或行业标准的，择优资助不超过 30 万元的研发经费。

G. 8　山东省

1. 青岛市人民政府办公厅 2017 年发布了《青岛市标准化资助奖励资金管理办法》（青政办发〔2017〕13 号）中提出：

（1）主导、主持国际标准、国家标准、行业标准、山东省地方标准、团体标准（联盟标准）制定的，分别给予不高于 50 万元、30 万元、20 万元、10 万元、10 万元一次性资助奖励；主持国际、国家、行业、山东省地方标准修订的，按照不高于主持同类标准制定资助奖励标准的 50％执行。

（2）参与国际标准、国家标准、行业标准、山东省地方标准制定、修订以及参与山东省制造业团体标准建设试点项目涉及的团体标准制定、修订的，按照参与的程度确定资助奖励额度，分别为主持同类标准制定、修订资助奖励标准的 10％～30％。

（3）承担国际标准化专业技术委员会（TC）、分技术委员会（SC）秘书处或工作组（WG）工作的，分别一次性资助奖励 50 万元、30 万元、15 万元；承担全国专业标准化技术委员会（TC）、分技术委员会（SC）秘书处或工作组（WG）工作的，分别一次性资助奖励 30 万元、20 万元、10 万元；承担山东省专业标准化技术委员会（TC）秘书处工作的，一次性资助奖励 10 万元；组建或依托相关技术机构负责团体标准（联盟标准）制定工作的，一次性资助奖励 10 万元。

2. 济南市人民政府办公厅 2006 年发布《济南市建设创新型城市若干政策》（济政办字〔2006〕69 号）支持企业参与标准制定。自 2006 年起，驻济企业制定或作为主要承担者制定的标准，经国际有关组织、国家质量监督检验检疫总局发布为国际标准、国家标准的，分别给予 300 万元、100 万元的一次性奖励。

G. 9　四川省

四川省人民政府 2014 年发布《关于加快建设质量强省的实施意见》提出：鼓励企业采用国际标准或国外先进标准，增强实质性参与国际标准化活动的能力，对参与或主导制定行业标准、国家标准、国际标准的单位和个人，按照国家有关规定给予奖励。

G. 10　广东省

1. 广东省财政厅和广东省质量技术监督局 2015 年联合发布《广东省实施技术标准战略专项资金管理办法（2015 年修订）》（粤财行〔2015〕212 号）对于技术标准研制及科研项目资助额度如下：

（1）每主导制定一项地方标准，资助额度不超过 10 万元；

（2）每主导制定一项行业标准，资助额度不超过 20 万元；协助制定的，资助额度不超过 10 万元；

（3）每主导制定一项国家标准，资助额度不超过 30 万元；协助制定的，资助额度不超过 15 万元；

（4）每主导制定一项国际标准，资助额度不超过 50 万元；协助制定的，资助额度不超过 20 万元；

（5）同一单位在同一年度享受的资助金额原则上不得超过当年度专项资金总额的 10%。

多个单位同时参与制定同一项行业标准、国家标准、国际标准的，原则上只对参与程度最高的一个单位予以资助。

对于标准化活动组织、管理项目资助额度如下：

（1）对承担广东省专业标准化技术委员会/分技术委员会秘书处工作的单位，一次性资助额度不超过 10 万元；

（2）对承担全国专业标准化技术委员会/分技术委员会秘书处或工作组工作的单位，一次性资助额度不超过 30 万元；

（3）对承担国际标准化组织专业技术委员会/分技术委员会秘书处或工作组工作的单位，一次性资助额度不超过 50 万元；

（4）对牵头承办省、国家和国际标准化组织的论坛、年会或重要学术研讨会等重大标准化活动的单位，一次性资助额度由省质监局会同省财政厅视具体情况研究确定。

2. 珠海市人民政府 2015 年发布《实施标准化战略专项资金管理办法》（珠府〔2015〕57 号）对参与制定国际标准、国家标准、行业标准和地方标准的单位进行资助的额度如下：

（1）每主导制定一项国际标准的，资助人民币不高于 30 万元；协助制定的，资助人民币不高于 10 万元；

（2）每主导制定一项国家标准或行业标准的，资助人民币不高于 10 万元；协助制定的，资助人民币不高于 5 万元；

（3）每主导制定一项省级地方标准的，资助人民币 5 万元；每主导制定一项市级地方标准的，资助人民币 3 万元；多个单位同时参与制定同一项国际标准、国家标准、行业标准和地方标准的，原则上只对参与程度最高的一个单位进行资助。

3. 深圳市市场和质量监督管理委员会 2016 年发布《深圳市打造深圳标准专项资金资助操作规程》（深市质规〔2017〕2 号）中提出：国际标准制定、修订项目、承担国际专业标准化技术委员会（TC）及其分技术委员会（SC）秘书处和工作组（WG）秘书处工作可以申请专项资金资助。

G.11 山西省

长治设立了高新区企业标准奖。鼓励企业加强以产品为核心，以技术标准、管理标准和工作标准为主要内容的企业标准体系建设。鼓励企业采用国际标准、国外先进标准；鼓励企业参与行业标准制定或将自身标准提升为行业标准、国家标准或国际标准。具有自主知识产权和比较优势产品的企业标准提升为行业标准或国家标准，一次性奖励 20 万元；提升为国际标准，一次性奖励 30 万元；作为主要参与方，制定行业标准或国家标准排名前三位的企业，一次性奖励 10 万元。

G.12　安徽省

合肥市决定，企业制定的标准如果被采用为国家标准，政府奖励 15 万元；采用为行业标准，政府奖励 10 万元。

G.13　福建省

福建省人民政府 2008 年发布《福建省标准贡献管理办法》（闽政办〔2008〕183 号）中提出：由福建省主导制定或参与起草、经国际标准化组织（ISO）、国际电工委员会（IEC）或国际电信联盟（ITU）发布，或经 ISO 确认并公布的其他国际组织发布、已经实施一年以上（含一年）的国际标准项目可以申请标准贡献奖。

G.14　河南省

河南省人民政府 2007 年发布《河南省人民政府关于实施标准化战略的意见》（豫政〔2007〕28 号）：引导和鼓励科研单位、生产经营企业和社会各界积极参与标准研制，特别是承担重大产业研发项目和创新产品项目的单位要把标准研制与科技项目研究同步进行，加快科研成果和自主知识产权向标准转化进程，并按标准组织生产，促进科研成果产业化。将先进的地方标准、企业标准列入省科技进步奖评定范围，将重要技术标准的研制成果纳入省级科技进步奖励范围。加大资金支持力度。各级政府要建立投入机制，重点支持科研机构和高新技术企业通过原创性自主知识产权能够形成的国际标准或国家标准的项目。对企事业单位组建全国专业标准化技术委员会，参与国际标准、国家标准、地方标准制（修）订以及采用国际标准或国外先进标准的重点项目予以资助。

G.15　云南省

云南省财政厅、原云南省质量技术监督局 2009 年联合发布《标准化发展战略专项资金管理办法》（云政发〔2009〕143 号）中规定：国际标准制修订：主导制定，奖补额度不超过 50 万元；主导修订或参与制定，奖补额度不超过 20 万元。

国际标准化工作平台
工作手册

标准创新管理司 ISO 处

2020 年 1 月 6 日

前　言

为了方便各对口单位联系人通过国际标准化工作平台开展工作，ISO 处编制了本工作手册，对各项申报工作的材料要求做了说明。后续使用过程中，如果对工作流程和平台建设有好的建议和意见，请及时反馈，我们会不断更新完善。

本手册第一版为 2019 年 3 月 6 日发布。本版本和上一版本相比，有如下变化：

1. 在 O 成员申请成为 P 成员流程中，明确了需要附件的情况以及附件内容。

2. 在承办会议流程中，明确了相关要求。

3. 细化了专家申报的有关要求。

4. 国际标准制修订证明所需材料中，增加正式投票的 Form4 文件。

5. ISO 联络处工作人员名单和联系方式进行了调整。

一、机构管理

1. 主席申请

正文要求：国内技术对口单位来文，抬头主送国家标准化管理委员会。正文简要介绍 TC 或 SC 情况，原主席任职情况（国籍、卸任时间），秘书处国家，委员会关于主席人选的相关决议，中方推荐的主席资质情况，对口单位联系人电话。新成立的 TC 或 SC，不需要原任职情况和相关决议。

附件要求：①ISO/IEC 技术机构主席申请表，②中文简历，③英文简历，④会议决议或投票结果。

平台提交申请后的工作：等待国家标准委联系并商定对新任主席面试时间。新成立的 TC 或 SC，需要国内对口单位等 TMB 关批准后，将决议发给标准委联系人。

2. 主席续任

正文及附件要求同主席申请一样，不需要面试。

3. 秘书申请

正文要求：国内技术对口单位来文，抬头主送国家标准化管理委员会。正文简要介绍 TC 或 SC 情况，原秘书任职情况（国籍、卸任时间），委员会关于秘书人选的相关决议，中方推荐的秘书资质情况，对口单位联系人电话。新成立的 TC 或 SC，不需要原任职情况和相关决议。

附件要求：①ISO IEC 技术机构秘书处申请表；②中文简历；③英文简历；④会议决议或投票结果；⑤秘书处承担单位情况介绍。

平台提交申请后的工作：等待国家标准委联系并商定对新任秘书面试时间。

4. 秘书助理申请

正文要求：国内技术对口单位来文，抬头主送市场监管总局标准创新管理司。正文简要介绍 TC 或 SC 情况，推荐秘书助理的原因和秘书资质情况，附对口单位联系人、电话。

附件要求：秘书中英文简历。

5. 成员身份变更 P 到 O 申请

原则上不接受此项申请，特殊情况请先与标准创新司 ISO 处联系。

6. 成员身份变更 O 到 P 申请

国内技术对口单位来文，抬头主送国家市场监管总局标准创新管理司。

正文要求：国内技术对口单位来文，抬头主送市场监管总局标准创新管理司。正文简要介绍该 TC 或 SC 情况，降级原因，降级后中国表现情况，以及 DIS 和 FDIS 投票情况。并在 1 年到期时（降级 1 年以后），提出申请，公文里要包含升级为 P 成员后投票人的姓名及账号信息，以及本次申请的联系人。

附件要求：如果是降级期满的申请，需要提交附件。附件为向该 TC 或 SC 的 TPM 起草的英文邮件，简要介绍降级后中国仍旧参与 DIS/FDIS 文件投票等积极表现，并表达希望以 P 成员身份参与的愿望。

非降级情况申请不需要附件。

7. 对口单位联系人信息变更

国内技术对口单位，单位名称、地址、联系人、联系电话等有调整时，请将新指定联系人信息填报到系统中。国内技术对口单位来文，抬头主送市场监管总局标准创新管理司。正文简要介绍变更原因，变更事项以及变更后信息。

8. 工作报告

按照《参加国际标准化组织（ISO）和国际电工委员会（IEC）国际标准化活动管理办法》的要求，每年 1 月 15 日前通过平台报告上一年度国际标准化活动情况。

9. 技术机构工作组管理

国内技术对口单位应及时在平台填报维护 WG 成立、撤销、工作组中文名称等信息，便于申请专家等工作开展。

二、提案管理

1. 新项目提案申请

正文要求：国内技术对口单位发公文，抬头主送市场监管总局标准创新管理司（注意是对口单位，不是国内 SAC/TC）；

附件要求：

（1）国际标准新工作项目提案审核表，提案单位、国内技术对口单位、行业主管部门审核盖章；（提案单位只写主导单位，如超过两个要附原因及分工说明）

（2）申请公文，公文中说明提案背景情况，包含前期研究工作、技术层面国际沟通和交流情况等。

（3）ISO Form 4 新标准提案申请表中、英文各一份，中文表不翻译表格，直接填写中文；

ISO Form 4 中第一页 Proposer 一栏填写 SAC（国家成员体）.

最后 Name of the Proposer：填写 Dr. LI Yubing

Deputy Director General，Department of Standards Innovative Management，SAMR；

Secretary General of Chinese Member Body of ISO，SAC

Liyb@sac.gov.cn

（4）标准草案或大纲中、英文各一份。如果是准备转化国内标准成国际标准，请不要简单翻译，格式也要符合国际标准要求。

2. 新技术领域提案申请

需要在国际标准化组织 ISO 提出新技术领域提案（成立新的 TC/SC/PC），可联系标准创新管理司，并准备以下书面材料。

正文要求：提案单位公文；说明成立新技术领域 TC/SC/PC 的重要性和必要性，前期工作基础。

附件要求：

（1）国际标准化组织新技术工作领域申请表 1 份，提案单位、行业主管部门审核盖章；

（2）新 TC，ISO Form1 新技术领域申请表中、英文各一份，中文表不翻译表格，直接填写中文；

（3）新 SC，ISO Form1 新技术领域申请表中、英文各一份，中文表不翻译表格，直接填写中文；

（4）新 PC，ISO Form4 新标准提案申请表中、英文各一份，勾选新 PC，中文表不翻译表格，直接填写中文。

三、会议管理

1. 参会申请

目前，参加 ISO 会议，国家标准委负责参加 TC 和 SC 年会的注册，参加工作组会议的专家自行在 ISO 网站工作平台注册。没有 ISO 账号的需在专家申请标签栏提前申请成为工作组专家。

正文要求：国内技术对口单位公文，抬头主送市场监管总局标准创新管理司。

其他要求：一般参加年会，代表团人数需小于 6 人，超过 6 人要附每位专家的具体分工任务说明。

TC/SC 主席和秘书不能作为代表团团长。请国内技术对口单位至少于会议开始前 30 天提交申报材料。ISO 处根据提交的参会人员资质能力和工作任务进行会议注册。

提醒：出国团组人员请通过单位外事管理部门及时开展护照办理、签证等手续，无需等国家标准委审批参会申请通过后再开始办理。会议注册未通过的人员不能以申请的标准化会议为理由执行出国任务。

2. 邀请函

中国专家参加国外会议，请国内技术对口单位与会议主办方联系。国外专家参加中国承办会议，请承办会议单位联系本单位的外事主管部门出具邀请函。

3. 承办国际会议

国内技术对口单位可根据工作需要，在参加国际会议时或通过其他方式，向 TC 或 SC 国际秘书处提出中国承办会议的建议，并向中国国家成员体提出承办会议申请。

正文要求：国内技术对口单位正式公文，抬头主送国家 标准委。正文简要介绍 TC 或 SC 情况，年会召开时间和预计参会情况，会议承办单位。

按照导则和国际惯例，技术委员会年会一般应在 6 个月前通知相应秘书处，所以请至少提前 7 个月提交承办会议申请。

4. 会议总结

参加完 ISO 相关会议或承办会议后，请于一个月内将会议总结提交到工作平台，需要对口单位公章。

四、专家管理

注册专家/召集人

目前，在国际标准化组织注册和撤销专家/工作组召集人，应通过国内技术对口单位在国际标准化工作平台上申报。

正文要求：国内技术对口单位公文，抬头主送国家市场监管总局标准创新管理司。正文简要介绍 TC 或 SC 情况，以及拟注册的工作组情况。如注销专家需写明注销原因。

附件要求：①ISO/IEC 工作组专家/召集人申请表。工作组召集人、工作组秘书请勾选相应职务；②申报 2 人及 2 人以上，需提交专家汇总表，专家汇总表在工作平台的通知公告中，任务分工不要只写跟踪该国际标准制修订；

ISO/IEC 工作组专家/召集人申请表填报要求：

（1）工作组基本信息应写明至对应的 TC、SC 和 WG 号，以及对应的中文。示例：ISO/TC 8/SC 4/WG 2 ISO 船舶与海洋技术委员会/舾装与甲板分委员会/甲板机械工作组；

（2）原则上不接受 TC 和 SC 的注册专家。除非提供证明 TC 和 SC 下直接有在研的国际标准项目。

（3）原则上每个工作组注册专家数不超过 5 名，两种情况下根据实际情况适当放宽：

①该工作组中有多个项目在开展或者是中国提出的国际标准提案；

②该工作组中表决按照人数计算，其他国家注册专家数均较多。符合上述两项中的任意一项，在"其他附件"添加说明材料。

（4）每位工作组专家累计申报 5 个工作组以上，请补充说明参加每个工作组的必要性和工作内容，不要只写跟踪该国际标准制修订；

（5）申报专家为境外（含港澳台地区），请补充保证书；

（6）申报工作组召集人需提交中、英文简历；

（7）专家单位盖章，应盖法人公章，例如：清华大学环境学院的专家应盖清华大学公章，而不是清华大学环境学院的学院章。

五、国际标准投票及国际标准分发

1. 国际标准投票

ISO 投票分为：CIB（委员会内部投票）；DIS（国际标准草案投票）；FDIS（最终国际标准草案投票）；SR（系统复审投票）。其中：CIB、SR 投票权限对国内技术对口单位开放，由国内技术对口单位直接在 ISO 网站投票系统中投票；DIS、FDIS 需由国内技术对口单位在国家标准委网站投票系统中投票，由国家标准委在 ISO 网站投票系统中投票，请国内技术对口单位按照平台截止日期投票。

2017 年 1 月 1 日起，CIB 投票未投票率达到 20% 或 2 张，DIS，FDIS，SR 投票有一张未投，P 成员身份降为 O 成员，一年内无法恢复。

2. 国际标准版权保护

各国内技术对口单位可以从投票系统正式标准栏目下载到对应技术委员会或分技术委员会的带水印的国际标准（ISO 归属 SC 的标准，平台也会放在 SC 名下）。平台发布时间和 ISO 网站相比，大约会有不到 1 个月的滞后时间。国内技术对口单位如急需可直接联系 ISO 处。ISO 标准具有版权，制修订 ISO 标准和采标国家标准时，可以免费使用，除此以外不得免费获取。带水印标准可以正常打印，但共享的计算机数量会有限制。2017 年 9 月 1 日起，所有下载的 ISO 国际标准，在以往打水印的基础上，以加密格式分发。使用 Adobe 软件打开时，需额外安装 File Open 插件。

插件下载地址：http：//www.sacinfo.cn/help

六、其他事宜

1. 申请承担国内技术对口单位

申请承担国际标准化组织技术机构国内技术对口单位目前仍需通过纸质公文流程，拟申请单位请向国家标准化委员会（公文主送单位）来函。来函应包括几方面内容，拟申请承担的国际标准化组织技术机构的简要情况，申请承担单位的介绍及工作基础、技术实力，联系方式，国内技术对口单位申请表。

2. 国际标准制修订证明

正文：国内技术对口单位公文，文中要写明出具证明的用途（如用于申请经费支持用途，请将有关政策文件附后）、相关标准当前进展情况，联系人信息；原则上一个标准从立项到发布只开一次证明。

附件：

① 国际标准制修订证明表格，主导单位和参与单位需盖单位公章；

② 提交国家标准委报批时所附的国际标准新工作项目提案审核表复印件（报送件复印件）；

③ 相关专家参加国际会议的证明材料，如会议纪要、签到表、往来邮件等；

④ 相关专家所在单位出具的在职证明；

⑤ 已发布国际标准需附首页复印件；

⑥ 费支持文件，标注拟申请的类别；（如不涉及经费支持政策，不需提供此附件。）

⑦ 相关证明文件请用高亮显示将关键信息标出。如主导单位和参与单位超过 3 个，需附表列出每个单位的证明材料分别有哪些。

3. 常用文件附件下载地址

最新版本对口单位所需文件，可通过百度网盘、国家标准委和 ISO 网站下载，提交 ISO 表格以 ISO 网站更新为准。

① 国际标准化工作平台通知通告

② ISO 网站下载有关表格链接：www.iso.org/forms